高职高专机电类专业系列教材

机床电气线路的安装与调试

主 编	李小龙	朱胜昔	曾 智
副主编	王红梅	李晓锋	欧仕荣
	胡彦伦	陈 辉	袁志佳
	叶文超		
参 编	吴军锋	赵吉清	屈心仪
	曾小宝	张明河	邱传琦
	邓建南	叶 倩	成晓燕
主 审	李文华		

西安电子科技大学出版社

内 容 简 介

本书以任务驱动教学法为主线,以应用为目的,以具体的任务为载体,主要介绍了机床电气线路安装与调试方面的知识。全书共 13 个项目,主要内容包括低压开关的拆装与检修、熔断器的拆装与检修、主令电器的拆装与检修、接触器的拆装与检修、继电器的拆装与检修、电气控制系统图绘制、三相异步电动机启停控制电路、三相异步电动机双重联锁正反转控制电路、三相异步电动机两地启停和顺序控制电路、三相异步电动机自动往返控制电路、三相异步电动机降压启动控制电路、三相异步电动机制动控制电路、多速异步电动机控制电路。

本书可作为技工院校、职业院校及成人高等院校、民办高校的电气运行与控制、电气自动化、机电一体化、机电技术应用等专业的教材。

图书在版编目(CIP)数据

机床电气线路的安装与调试/李小龙,朱胜昔,曾智主编. —西安:西安电子科技大学出版社,2020.1(2025.6 重印)
ISBN 978 - 7 - 5606 - 5491 - 1

Ⅰ. ① 机… Ⅱ. ① 李… ② 朱… ③ 曾… Ⅲ. ① 机床—电气控制—控制电路—安装—高等职业教育—教材 ② 机床—电气控制—控制电路—调试方法—高等职业教育—教材 Ⅳ. ① TG502.35

中国版本图书馆 CIP 数据核字(2019)第 252369 号

策　　划	杨丕勇
责任编辑	杨丕勇
出版发行	西安电子科技大学出版社(西安市太白南路 2 号)
电　　话	(029)88202421　88201467　　邮　编　710071
网　　址	www.xduph.com　　电子邮箱　xdupfxb001@163.com
经　　销	新华书店
印刷单位	陕西日报印务有限公司
版　　次	2020 年 1 月第 1 版　2025 年 6 月第 4 次印刷
开　　本	787 毫米×1092 毫米　1/16　印张　9.5
字　　数	222 千字
定　　价	25.00 元

ISBN 978 - 7 - 5606 - 5491 - 1

XDUP 5793001 - 4

前　言

机床电气线路的安装与调试是电气自动化技术专业和机电一体化技术专业极其重要的一门核心专业课，掌握它对于后续课程的学习有着重要的作用。我们根据湖南省高职院校专业技能抽查的要求，参考电气自动化技术专业和机电一体化技术专业技能考核标准与题库编写了本书。

本书编写的重点主要体现在以下几个方面：

第一，坚持以能力为本位，重视实践能力的培养，突出职业技术教育特色。本书根据电工类专业毕业生所从事职业的实际需要，确定学生应具备的能力结构与知识结构，在保证学生具有必备专业基础知识的同时，加强实践性教学内容，为培养学生的实际工作能力提供条件。

第二，吸收和借鉴各地职业院校教学改革的成功经验，采用了理论知识与实际操作一体化的模式，使内容更加符合学生的认知规律，保证理论与实践的密切结合。

第三，贯彻国家关于职业资格证书与学业证书并重、职业资格证书制度与国家就业制度相衔接的政策精神。本书内容涵盖有关国家职业标准的知识、技能要求，确保毕业生达到高级技能人才的培养目标。

本书由张家界航空工业职业技术学院李文华担任主审，张家界航空工业职业技术学院李小龙、娄底技师学院朱胜昔和衡阳技师学院曾智担任主编，张家界航空工业职业技术学院王红梅、李晓锋，益阳职业技术学院欧仕荣，湖南电子科技职业学院陈辉，津市职业中专学校袁志佳，衡阳技师学院胡彦伦和庆阳职业技术学院叶文超担任副主编。各项目编写分工如下：项目 1 由朱胜昔编写，项目 2 由张家界航空工业职业技术学院吴军锋编写，项目 3 由张家界航空工业职业技术学院赵吉清和屈心仪编写，项目 4 由王红梅和李晓锋编写，项目 5 由欧仕荣和陈辉编写，项目 6 由张家界航空工业职业技术学院曾小宝和张明河编写，项目 7 由张家界航空工业职业技术学院邱传琦和邓建南编写，项目 8～10 由李小龙编写，项目 11 由曾智编写，项目 12 由袁志佳和胡彦伦编写，项目 13 由张家界航空工业职业技术学院叶倩和成晓燕编写。叶文超负责相关资料的收集和整理工作。

虽然我们力求完美，但由于编者水平有限，编写时间比较仓促，书中缺陷在所难免，恳请广大同行和读者不吝赐教，以便今后修改提高！

编　者

2019 年 8 月

目　　录

项目1 低压开关

电器就是广义的电气设备,它可以很大、很复杂,如一套自动化装置;它也可以很小、很简单,如一个开关。在工业应用中,电器是一种能够根据外界信号的要求,自动或手动接通或断开电路,断续或连续改变电路参数,实现电路或非电对象的切换、控制、保护、检测、变换和调节作用的电气设备。简而言之,电器就是一种能控制电的工具。

任务 低压开关的拆装与检修

知识目标:

1. 熟悉常用低压开关的规格、基本构造、图形符号和文字符号。
2. 正确理解常用低压开关的工作原理。
3. 能识读常用低压开关产品型号的含义。

能力目标:

1. 能正确操作和安装常用低压开关。
2. 能使用电工工具修复常用低压开关。

素质目标:

养成独立思考和动手操作的习惯,培养小组协调能力和互相学习的精神。

工作任务

在居民楼或办公室中,常使用开关箱,箱中的低压断路器用来控制连接着电灯、空调、电风扇等照明及家用、办公电器的电气线路。

在建筑工地上,开关箱中的低压断路器和开启式负荷开关等电器用来控制连接着搅拌机、抹光机等建筑机械的电气线路。低压断路器、负荷开关都是常用的低压开关。本任务的主要内容就是认识常见的低压开关,并掌握其选择、拆装及检修的方法。

相关知识

一、低压电器的基本知识

1. 低压电器的定义

工作在交流额定电压 1200 V 以下、直流额定电压 1500 V 以下的电器称为低压电器。我国编制的低压电器产品型号适用于十二大类产品:刀开关和转换开关、熔断器、断路器、控制器、接触器、启动器、控制继电器、主令电器、电阻器、变阻器、调整器以及电磁铁。

2. 低压电器的分类

低压电器可按不同方式进行分类：按用途和控制对象的不同，可分为低压配电保护电器和低压控制电器两类；按动作方式的不同，可分为自动切换电器和非自动切换电器两类；按执行机构的不同，可分为有触点电器和无触点电器两类。

二、低压开关的基础知识

1. 低压开关的定义

低压开关主要用做隔离、转换以及接通和分断电路。

2. 低压开关的应用

低压开关常作为机床电路的电源开关、局部照明电路的控制开关，有时也可用来直接控制小容量电动机的启动、停止和正反转。

3. 低压开关的分类

常见的低压开关有开启式负荷开关、封闭式负荷开关、组合开关、低压断路器等。

三、常见低压开关

1. 开启式负荷开关

开启式负荷开关又称刀开关，是一种结构较为简单的手动电器，主要由手柄、触刀、静插座和绝缘底板等组成。

1）结构和符号

HK系列开启式负荷开关的外形、结构和符号如图1-1所示。

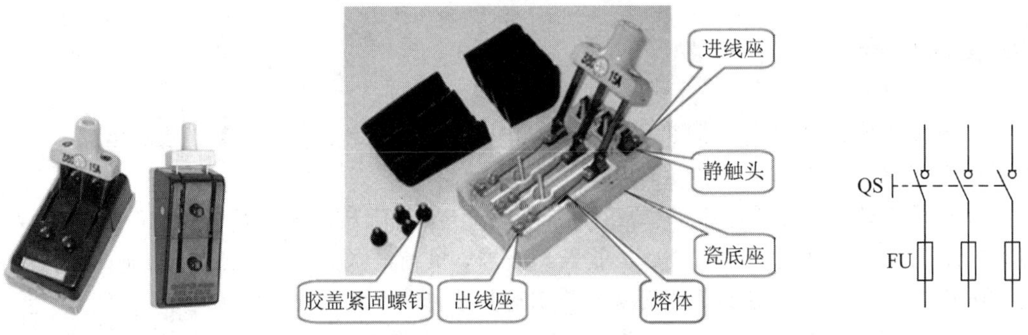

(a) 外形　　　　　　　　　　(b) 结构　　　　　　　　　　(c) 符号

图1-1　HK系列开启式负荷开关

开启式负荷开关的型号及其含义如下：

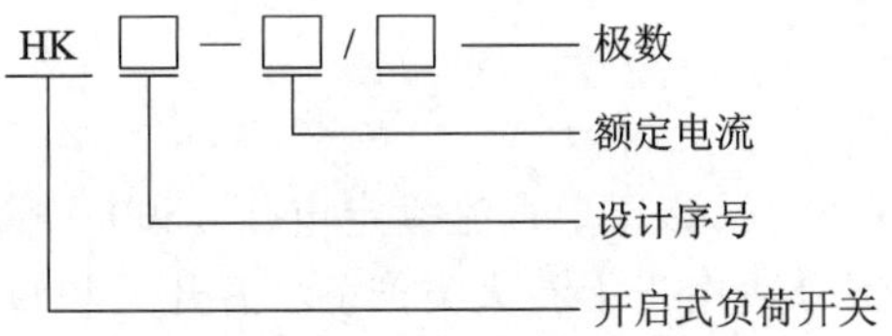

2）选用

（1）用于照明和电热负载时，选用额定电压为 220 V 或 250 V，额定电流不小于电路所有负载额定电流之和的两极开关。

（2）用于控制电动机的直接启动和停止时，选用额定电压为 380 V 或 500 V，额定电流不小于电动机额定电流 3 倍的三极开关。

注意： HK 系列开启式负荷开关用于一般的照明电路和功率小于 5.5 kW 的电动机控制电路。但这种开关没有专门的灭弧装置，其刀式动触头和静夹座易被电弧灼伤而引起接触不良，因而不宜用于操作频繁的电路。

3）安装注意事项

在安装开启式负荷开关时要注意以下几点：

（1）开关安装时应做到垂直安装，使闭合操作时手柄操作方向为从下向上合，断开操作时手柄操作方向为从上向下分。不允许采用平装或倒装，以防止产生误合闸。

（2）接线时，电源进线应接在开关上面的进线端上，用电设备应接在开关下面熔体的出线端上，以使开关断开后闸刀和熔体不带电。

（3）安装后应检查闸刀和静插座的接触是否成直线且紧密。

（4）更换熔体必须按原规格且在闸刀断开的情况下进行。

2．封闭式负荷开关

1）结构和符号

HH3 系列封闭式负荷开关的外形、结构和符号如图 1－2 所示。

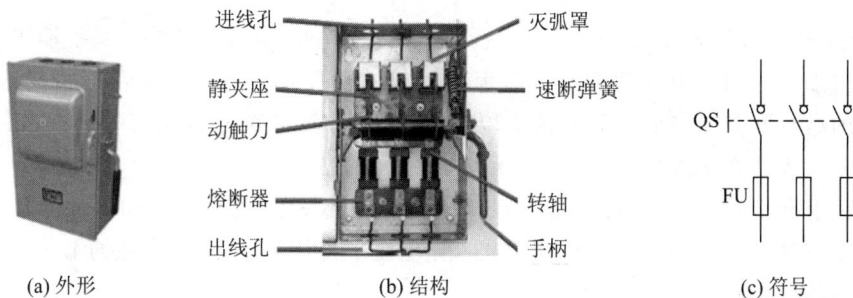

图 1－2　HH3 系列封闭式负荷开关

2）选用

（1）额定电压应不小于工作电路的额定电压。

（2）额定电流应等于或稍大于工作电路的电流。

（3）用于控制电动机工作时，考虑到电动机启动时电流较大，应使开关的额定电流不小于电动机额定电流的 3 倍。

3．组合开关

组合开关又称转换开关，是一种具有多个操作位置，能够换接多个电路的手动电器。

1）结构和符号

HZ10—10/3 型组合开关的外形、结构和符号如图 1－3 所示。

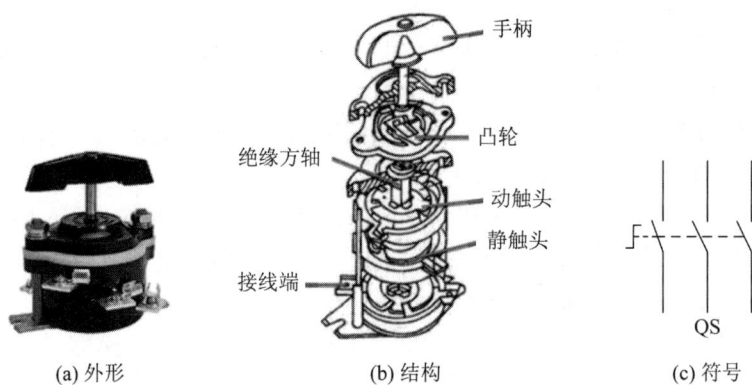

(a) 外形　　　　　(b) 结构　　　　　(c) 符号

图 1-3　HZ10—10/3 型组合开关

2）分类及主要技术数据

分类：单极、双极、多极。

主要参数：额定电压、额定电流、极数等。

额定电流等级：6 A、10 A、20 A、25 A、40 A、60 A、100 A。

3）选用

（1）用于照明或电热电路时，组合开关的额定电流应等于或大于被控制电路中各负载电流的总和。

（2）用于电动机电路时，组合开关的额定电流一般取电动机额定电流的 1.5～2.5 倍。

4）使用

组合开关常用于交流 380 V 以下、直流 220 V 以下的电气线路中，供手动不频繁地接通或分断电路，也可控制小容量交、直流电动机的正反转、星—三角启动和变速换向等。HZ10 系列组合开关额定电压为直流 220 V、交流 380 V，额定电流有 6 A、10 A、25 A、60 A、100 A 等多个等级。

注意：组合开关应根据电源种类、电压等级、所需触头数、接线方式和负载容量进行选用。用于控制小型异步电动机的运转时，开关的额定电流一般取电动机额定电流的 1.5～2.5 倍。

4. 低压断路器

1）结构和符号

低压断路器的外形、结构和符号如图 1-4 所示。

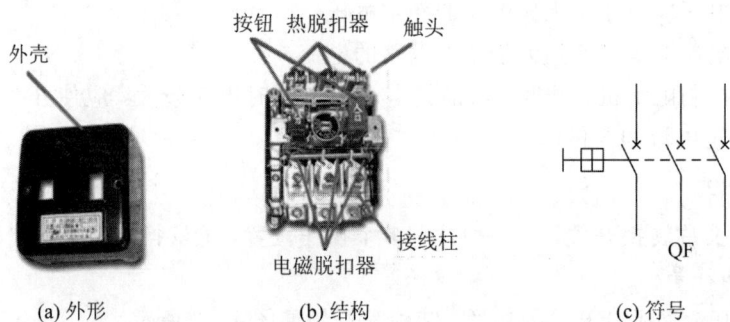

(a) 外形　　　　　(b) 结构　　　　　(c) 符号

图 1-4　低压断路器

2）功能和工作原理

（1）别称：低压断路器又称自动空气开关、自动空气断路器，简称断路器。

（2）功能：工作情况下，断路器可用于电路的不频繁通断及电动机的不频繁启动；发生短路、过载和失压等故障时，断路器自动跳闸切断故障电路，保护线路和电气设备。

3）选用

（1）低压断路器的额定电压和额定电流应不小于线路、设备的正常工作电压和工作电流。

（2）热脱扣器的整定电流应等于所控制负载电路的额定电流。

（3）电磁脱扣器的瞬时脱扣整定电流应大于负载电路正常工作时的峰值电流。用于控制电动机的断路器，其瞬时脱扣整定电流可按下式选取：

$$I_z \geqslant KI_S$$

式中，K 为安全系数，可取 $1.5\sim1.7$；I_S 为电动机的启动电流。

（4）欠压脱扣器的额定电压应等于线路的额定电压。

4）安装注意事项

安装低压断路器时要注意以下几点：

（1）低压断路器应垂直于配电板安装，电源引线应接到上端，负载引线接到下端。

（2）低压断路器用作电源总开关或电动机的控制开关时，在电源进线侧必须加装刀开关或熔断器等，以形成明显的断开点。

（3）板前接线的低压断路器允许安装在金属支架上或金属底板上，但板后接线的低压断路器必须安装在绝缘底板上。

任务准备

实施本任务所使用的教学实训设备及工具材料可参考表 1-1。

表 1-1　实训设备及工具材料

序号	名　　称	型 号 规 格	单位	数量	备注
1	电工常用工具		套	1	
2	万用表	MF47 型	块	1	
3	开启式负荷开关	HK1—15	个	1	
4	封闭式负荷开关	HH4—15/3Z	个	1	
5	组合开关	HZ10—25	个	1	
6	组合开关	HZ3—132	个	1	
7	低压断路器	DZ5—20/320	个	1	
8	低压断路器	DW10	个	1	

✦ **任务实施**

一、常用低压开关的识别、拆装和检测

1. 常用低压开关的识别

识别给定的各种低压开关，并填写表 1-2。

表 1-2　低压开关的识别

序号	名称	型号	图形符号	文字符号	主要参数	备注
1						
2						
3						
4						
5						

2. 组合开关的拆装与检测

认真观察组合开关的结构，按照结构进行拆装。将开关合闸，用万用表的电阻挡测量各对触点间的接触情况，再用兆欧表测量每两相触点间的绝缘电阻，并填写表 1-3。

表 1-3　组合开关的检测

检测内容		工具/仪表	结论
触点间接触情况	L_1 相		
	L_2 相		
	L_3 相		
相间绝缘电阻	L_1—L_2		
	L_2—L_3		
	L_1—L_3		

3. 断路器的拆装与检测

以 DZ5—20/320 型低压断路器开关为例，完成低压开关的拆装和检测训练，基本步骤如下：

（1）准备好低压断路器，并用螺钉旋具将外壳的螺钉旋下；

（2）将低压断路器的外壳卸下；

（3）取下断路器手柄；

（4）取下断路器的灭弧罩，并仔细观察断路器的内部结构；

（5）安装好断路器的灭弧罩和手柄；

（6）安装好断路器的外壳，固定螺钉；

（7）将万用表置于欧姆挡，并将表笔置于断路器的常开触点，手柄处于分位置，观察万用表的读数是否为无穷大；

（8）将万用表置于欧姆挡，并将表笔置于断路器的常开触点，手柄处于合位置，观察万用表的读数是否为零。

认真观察断路器的结构，将主要部件的作用和有关参数填入表 1-4。

表 1-4　断路器的相关参数

主要部件名称	作　用	主要参数	备　注
电磁脱扣器			
热脱扣器			
储能弹簧			

二、低压开关常见故障的分析及检修

1. 组合开关常见故障分析及检修

组合开关的常见故障及处理方法如表 1-5 所示。

表 1-5　组合开关常见故障的原因及处理方法

故障现象	原因分析	处理方法
手柄转动后，内部触头未动作	1. 手柄的转动连接部件磨损 2. 操作机构损坏 3. 绝缘杆变形 4. 轴与绝缘杆装配不紧	1. 更换手柄 2. 修理操作机构 3. 更换绝缘杆 4. 重新紧固
手柄转动后，三副触头不能同时接通或断开	1. 开关型号不对 2. 修理开关时触头装配不正确 3. 触头失去弹性或有尘污	1. 更换开关 2. 重新装配 3. 更换触头或清除尘污
开关接线柱相间短路	铁屑或油污附在接线柱间形成导电将胶木烧焦，或绝缘破坏形成短路	清扫开关或更换开关

2. 低压断路器常见故障分析及检修

低压断路器的常见故障及处理方法如表1-6所示。

表1-6　低压断路器常见故障的原因及处理方法

序号	故障现象	原因分析	处理方法
1	手动操作断路器不能闭合	1. 欠电压脱扣器无电压或线圈损坏 2. 储能弹簧变形，导致闭合力减小 3. 反作用弹簧力过大 4. 机构不能复位再扣	1. 检查线路，施加电压或更换线圈 2. 更换储能弹簧 3. 重新调整弹簧反力 4. 调整再扣接触面至规定值
2	电动操作断路器不能闭合	1. 源电压不符合 2. 电源容量不够 3. 电磁拉杆行程不够 4. 电动机操作定位开关变位 5. 控制器中的整流管或电容器损坏	1. 更换电源 2. 增大操作电源容量 3. 重新调整 4. 重新调整 5. 更换损坏元件
3	有一相触头不能闭合	1. 一般型断路器的一相连杆断裂 2. 限流断路器拆开机构的可折连杆的角度变大	1. 更换连杆 2. 调整角度至元件技术条件规定值
4	分励脱扣器不能使断路器分断	1. 线圈短路 2. 电源电压太低 3. 再扣接触面太大 4. 螺丝松动	1. 更换线圈 2. 更换电源电压 3. 重新调整 4. 拧紧
5	欠电压脱扣器不能使断路器分断	1. 反力弹簧变小 2. 如为储能释放，则储能弹簧变形或断裂 3. 机构卡死	1. 调整弹簧 2. 调整或更换储能弹簧 3. 消除结构卡死原因，如生锈等
6	启动电机时断路器立即分断	1. 过电流脱扣瞬时整定值太小 2. 脱扣器某些零件损坏，如半导体橡皮膜等 3. 脱扣器反力弹簧断裂或落下	1. 重新调整 2. 更换零件 3. 更换反力弹簧
7	断路器闭合后经一定时间自行分断	1. 过电流脱扣器长延时整定值不对 2. 热元件或半导体延时电路元件参数变动	1. 重新调整 2. 调整参数

续表

序号	故障现象	原因分析	处理方法
8	断路器温升过高	1. 触头压力过低 2. 触头表面过分磨损或接触不良 3. 两个导电零件连接螺丝松动 4. 触头表面油污氧化	1. 调整触头压力或更换弹簧 2. 更换触头或清理接触面，若不能更换触头，则更换整台断路器 3. 拧紧 4. 清除油污或氧化层
9	欠电压脱扣器噪音	1. 反力弹簧太大 2. 铁芯工作面有油污 3. 短路环断裂	1. 重新调整 2. 清除油污 3. 更换衔铁或铁芯
10	辅助开关不通	1. 辅助开关的动触桥卡死或脱离 2. 辅助开关传动杆断裂或滚轮脱落 3. 触头不接触或氧化	1. 拨正或重新装好触桥 2. 更换传动杆或转换开关 3. 调整触头，清理氧化膜
11	带半导体脱扣器的断路器误动作	1. 半导体脱扣器元件损坏 2. 外界电磁干扰	1. 更换损坏元件 2. 清除外界干扰，例如临近的大型电磁铁的操作，接触器的分断、电焊等，予以隔离或更换
12	漏电断路器经常自行分断	1. 漏电动作电流变化 2. 线路有漏电	1. 送制造厂重新校正 2. 找出原因，如是导线绝缘损坏，则更换
13	漏电断路器不能闭合	1. 操作机构损坏 2. 线路某处有漏电或接地	1. 送制造厂处理 2. 清除漏电或接地故障

检查评议

对任务的实施情况进行检查，并将结果填入表1-7。

表1-7　任务测评表

序号	主要内容	考核要求	评分标准	配分	扣分	得分
1	元件识别	根据任务，识别各种低压开关，熟悉其结构和型号	1. 写错或漏写名称每只扣4分 2. 写错或漏写型号每只扣2分	30		
2	低压开关的结构	根据任务，能正确使用仪表进行测量，知道主要零部件的名称和作用	1. 仪表使用方法错误扣5分 2. 测量结果错误每次扣5分 3. 主要零部件名称写错每只扣4分 4. 主要零部件作用写错每只扣4分	30		

序号	主要内容	考 核 要 求	评 分 标 准	配分	扣分	得分
3	低压开关的装配和维修	根据任务，能正确拆装元件，懂得维修	1. 损坏电器元件或不能装配扣20分 2. 丢失或漏装零件扣10分 3. 拆装方法步骤不正确每次扣5分 4. 装配后动作不灵活扣8分	30		
4	安全文明生产	劳动保护用品穿戴整齐；电工工具佩带齐全；遵守操作规程；尊重老师，讲文明礼貌；考试结束要清理现场	1. 操作中，违反安全文明生产考核要求的任何一项扣2分，扣完为止 2. 发现学生有重大事故隐患时，要立即予以制止，并每次扣安全文明生产总分5分	10		
合计						
开始时间：			结束时间：			

项目思考题

1. 什么是低压电器？按动作方式不同，低压电器可分为哪几类？
2. 选用封闭式负荷开关时要注意什么？
3. 组合开关能否用来分断故障电流？组合开关的用途有哪些，如何选用？
4. 选用低压断路器时要注意什么？
5. 低压断路器有哪些保护功能，分别由低压断路器的哪些部件完成？

项目2 熔 断 器

熔断器是一种用于过载与短路保护的电器。熔断器是在线路中人为设置的"薄弱环节",要求它能承受额定电流,而当短路或过载时,则要求它充分显示自己的"薄弱性",通过熔断保护电气设备的安全。

熔断器的主体是低熔点金属丝或金属薄片制成的熔体,串联在被保护的电路中。在正常情况下,熔体相当于一根导线;当发生短路或过载时,流过熔断器的电流大于规定值,熔体因过热而熔断,电路即自动切断。

熔断器作为保护性电器,具有结构简单、体积小、重量轻、使用和维护方便、价格低廉、可靠性高等优点,因而在强电系统和弱点系统中得到广泛应用。

任务 熔断器的拆装与检修

知识目标:

1. 熟悉熔断器的规格、基本构造、图形符号和文字符号。
2. 正确理解熔断器的工作原理。
3. 能识读熔断器产品型号的含义。

能力目标:

1. 能正确安装熔断器。
2. 能使用电工工具修复熔断器。

素质目标:

养成独立思考和动手操作的习惯,培养小组协调能力和互相学习的精神。

工作任务

本任务的主要内容就是认识常见的熔断器,并掌握其拆装及检修的方法。

相关知识

熔断器是一种结构简单、使用方便、价格低廉、控制有效的短路保护电器。

1. 熔断器的结构和工作原理

熔断器主要由熔体(俗称保险丝)和安装熔体的熔管(或熔座)组成。

熔断器是串联在电路中的一个最"薄弱"的导电环节,其金属熔体是一个易于熔断的导体。在正常工作情况下,由于通过熔体的电流较小,熔体的温度虽然上升,但不致达到熔点,所以不会熔化,电路能可靠接通;当电路发生过负荷或短路故障时,电流增大,过负荷电流或短路电流对熔体加热，一旦熔体温度超过自身熔点，就会在被保护设备的温度未达到破坏其绝缘之前熔化，电路即被切断，从而使线路中的电气设备得到保护。

注意： 熔断器一般不能作过载保护，因为在负载电流增加后熔断器不能采取限流措施，而只能在大电流时快速切断回路，起短路保护作用。

2. 熔断器的分类

熔断器的类型很多，按结构形式不同可分为瓷插式熔断器、圆筒形帽熔断器、螺栓连接熔断器、螺旋式熔断器、封闭管式熔断器、快速熔断器和自复式熔断器等。各类型熔断器的外形如图 2-1 所示。

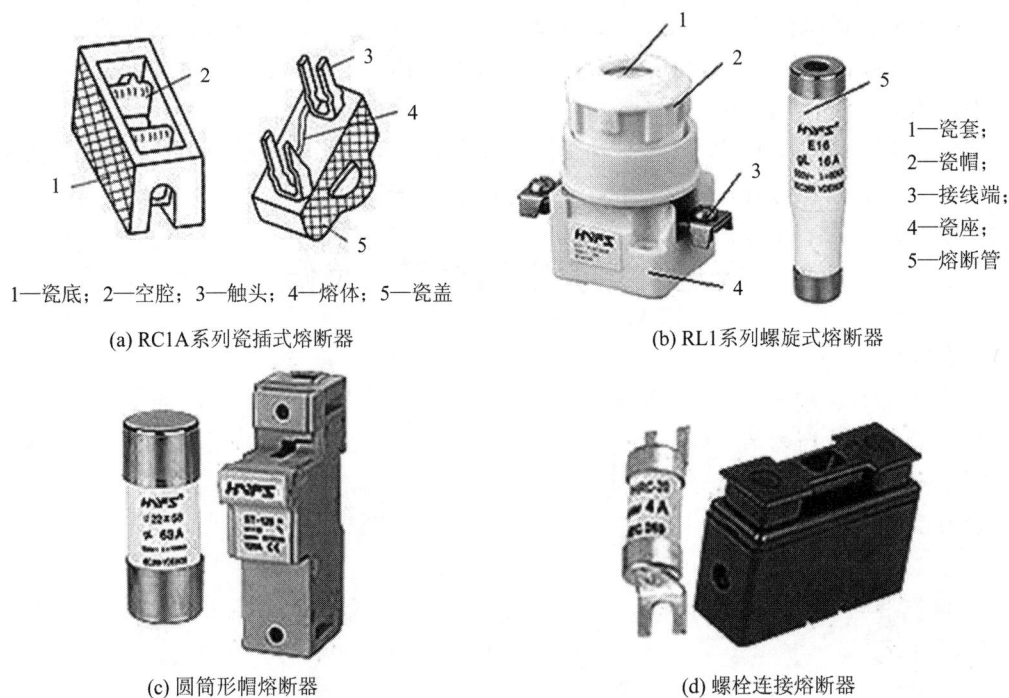

1—瓷底；2—空腔；3—触头；4—熔体；5—瓷盖

(a) RC1A系列瓷插式熔断器

1—瓷套；
2—瓷帽；
3—接线端；
4—瓷座；
5—熔断管

(b) RL1系列螺旋式熔断器

(c) 圆筒形帽熔断器

(d) 螺栓连接熔断器

图 2-1　熔断器的外形

RC1A 系列瓷插式熔断器是由瓷盖、瓷底、动触头、静触头和熔体等部分组成。瓷底和瓷盖均用电工瓷制成，电源线与负载线分别接在瓷底两端的静触头上。瓷底座中间有一空腔，与瓷盖突出部分构成灭弧室。额定电流为 60A 以上的熔断器，在灭弧室中还垫有石棉带，用来灭弧。熔丝接在瓷盖内的两个动触头上，使用时，将瓷盖合于瓷座上即可，如图 2-1(a)所示。

RL1 系列螺旋式熔断器主要由瓷帽、熔断管、瓷套、上接线端、下接线端及瓷座等部分组成。熔断管是一个瓷管，除了装熔丝外，还在熔丝周围填满石英砂，用于熄灭电弧。熔断管的上端有一个小红点，熔丝熔断后，红点自动脱落，以显示熔丝已熔断，如图 2-1(b)所示。

3. 熔断器的型号

熔断器型号的含义和符号如下：

```
        R □ 5 — □ / □
```

熔断器 ┘　│　│　　│　└ 熔体额定电流
类别(C：插入式；L：螺旋式；　│　│　　└ 熔断器额定电流　┤ FU
　M：无填料封闭式；T：有填料封闭式；　　└ 设计序号
　S：快速式)

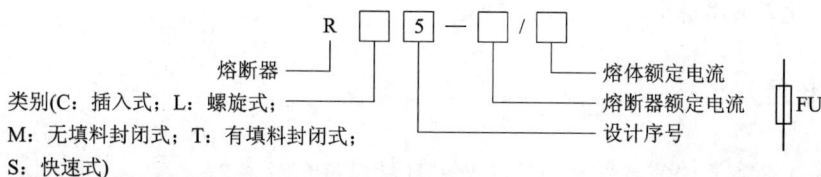

4. 熔断器的主要技术参数

（1）额定电压：熔断器长期工作所能承受的电压。

（2）额定电流：保证熔断器能长期正常工作的电流。

（3）分断能力：在规定的使用和性能条件下，在规定电压下熔断器能分断的预期分断电流值。

（4）时间－电流特性：在规定的条件下，表征流过熔体的电流与熔体熔断时间的关系曲线。

熔断器的熔断电流与熔断时间的关系如表 2-1 所示。

表 2-1　熔断器的熔断电流与熔断时间的关系

熔断电流 I_s/A	$1.25I_N$	$1.6I_N$	$2.0I_N$	$2.5I_N$	$3.0I_N$	$4.0I_N$	$8.0I_N$	$10.0I_N$
熔断时间/s	∞	3600	40	8	4.5	2.5	1	0.4

5. 熔体额定电流的选用

熔体的额定电流就是熔体在不熔断的前提下能够长期通过的最大电流。

（1）对于照明和电热设备等阻性负载电路的短路保护，熔体的额定电流应稍大于或等于负载的额定电流。

（2）由于电动机的启动电流很大，必须考虑启动时熔丝不能断，所以熔体的额定电流应选的较大。

单台电动机：熔体额定电流＝(1.5～2.5)×电动机额定电流。

多台电动机：熔体额定电流＝(1.5～2.5)×容量最大的电动机额定电流＋其余电动机额定电流之和。

降压启动电动机：熔体额定电流＝(1.5～2.0)×电动机额定电流。

直流电动机和绕线式电动机：熔体额定电流＝(1.2～1.5)×电动机额定电流。

6. 安装熔断器的注意事项

安装熔断器时应注意以下几点：

（1）熔断器应完整无损。

（2）瓷插式熔断器应垂直安装，螺旋式熔断器的电源线应接在瓷底座的下接线座上，负载线应接在螺纹壳的上接线座上。

（3）安装熔体时，必须保证接触良好，不允许有机械损伤。

（4）熔断器内要安装合格的熔体，不能用多根小规格熔体并联代替一根大规格熔体；各级熔体应相互配合，并做到下一级熔体规格比上一级规格小。

（5）更换熔体或熔管时，必须切断电源，尤其不允许带负荷操作。

（6）熔断器兼做隔离器使用时，应安装在控制开关的电源进线端；若仅做短路保护用，应装在控制开关的出线端。

任务准备

实施本任务所使用的教学实训设备及工具材料可参考表2-2。

表 2-2　实训设备及工具材料

序号	名　称	型号规格	单位	数量	备注
1	电工常用工具		套	1	
2	万用表	MF47 型	块	1	
3	熔断器	RC1A	套	3	
4	熔断器	RL1	套	3	

任务实施

一、常用熔断器的识别、拆装和检测

1. 低压熔断器的识别

整理工作台,观察摆放在实验台上的低压熔断器的外观特征,并根据要求填写表2-3。

表 2-3　低压熔断器的识别

序号	1	2	3	4	5	6
名称						
型号						

2. 低压熔断器的安装和检测

认真观察低压熔断器的结构,按照结构进行拆装,并更换其熔体,根据检测操作填写表2-4。

表 2-4　低压熔断器的安装和检测

序号	步　骤	工具/仪表	结　论
1	检查熔体		
2	更换熔体		
3	检测熔断器		

二、熔断器常见故障的分析及检修

熔断器常见故障的分析及处理方法如表2-5所示。

表 2 - 5　熔断器常见故障的分析及处理方法

故障现象	原因分析	处理方法
电路接通瞬间，熔体熔断	熔体电流等级选择过小	更换熔体
	负载侧短路或接地	排除负载故障
	熔体安装时受机械损伤	更换熔体
熔体未见熔断，但电路不通	熔体或接线座接触不良	重新连接

检查评议

对任务的实施情况进行检查，并将结果填入表 2 - 6。

表 2 - 6　任务测评表

序号	主要内容	考核要求	评分标准	配分	扣分	得分
1	熔断器的识别	根据任务，识别各种熔断器，熟悉其结构和型号	1. 写错或漏写名称，每只扣5分 2. 写错或漏写型号，每只扣5分 3. 漏写每个主要部件，每只扣4分	50		
2	熔断器熔体的更换	根据任务，能正确选配熔体，掌握更换熔体的方法	1. 检查方法不正确扣10分 2. 不能正确选配熔体扣10分 3. 更换熔体方法不正确扣10分 4. 损伤熔体扣20分 5. 更换熔体后熔断器短路扣25分	40		
3	安全文明生产	劳动保护用品穿戴整齐；电工工具佩带齐全；遵守操作规程；尊重老师，讲文明礼貌；考试结束要清理现场	1. 操作中，违反安全文明生产考核要求的任何一项扣2分，扣完为止 2. 发现学生有重大事故隐患时，要立即予以制止，并每次扣安全文明生产总分5分	10		
合计						
开始时间：			结束时间：			

项目思考题

1. 熔断器主要由哪几部分组成，工作原理是什么？
2. 什么是熔体的额定电流？它与熔断器的额定电流是否相同？
3. 熔断器为什么一般不能作过载保护？
4. 常用熔断器有哪几种类型？

项目 3　主 令 电 器

主令电器是用来接通和分断控制电路,以发布命令的电器。常用的主令电器有控制按钮、行程开关、接近开关、主令控制器和万能转换开关等。

任务　主令电器的拆装与检修

知识目标:

1. 熟悉主令电器的规格、基本构造、图形符号和文字符号。
2. 正确理解主令电器的工作原理。
3. 能识读主令电器产品型号的含义。

能力目标:

1. 能正确操作和安装主令电器。
2. 能使用电工工具修复主令电器。

素质目标:

养成独立思考和动手操作的习惯,培养小组协调能力和互相学习的精神。

工作任务

打开冰箱门的时候,冰箱里面的灯就会亮起来,而关上门灯就会熄灭,这是怎么回事呢？这是因为冰箱门框上有个被称为行程开关的低压电器,关门时它被压紧,断开电路;开门时它被放开,使电路闭合,将灯点亮。按钮、行程开关这类电器都属于主令电器,本任务的主要内容就是认识常见的主令电器,并掌握其拆装及检修的方法。

相关知识

一、按钮

1. 按钮的结构和符号

按静态时触头的分合状况,按钮可分为常开按钮(启动按钮)、常闭按钮(停止按钮)、复合按钮(常开、常闭组合为一体的按钮)。按钮的结构和符号如图 3-1 所示。

结构			
			按钮 复位按钮 支柱连杆 常闭静触头 桥式动触头 常开静触头 外壳
符号	E-7 SB	E-\ SB	E-\\\ SB
名称	停止按钮 (常闭按钮)	启动按钮 (常开按钮)	复合按钮

图 3-1 按钮的结构与符号

注意：为了便于识别各个按钮的作用，避免误操作，通常用不同的颜色和符号标志来区分按钮的作用，如表 3-1 所示。

表 3-1 按钮的颜色与作用

颜色	含义	说明	应用举例
红	紧急	危险或紧急情况时操作	急停
黄	异常	异常情况时操作	干预、制止异常情况，干预、重新启动中断了的自动循环
绿	安全	安全或正常情况准备时操作	启动/接通
蓝	强制性的	要求强烈制动情况下操作	复位功能
白	未赋予特定含义	除急停以外的一般功能启动	启动/接通(优先) 停止/断开
灰			启动/接通 停止/断开
黑			启动/接通 停止/断开(优先)

2. 按钮的型号及含义

按钮的型号及其含义如下：

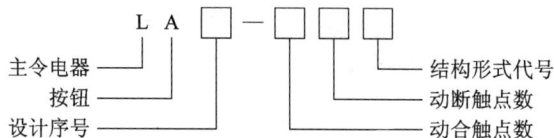

L A □ — □ □ □

主令电器
按钮
设计序号
动合触点数
动断触点数
结构形式代号

3. 按钮的选用

（1）根据使用场合选择控制按钮的种类。

（2）根据用途选择合适的形式。

（3）根据控制回路的需要确定按钮数。

（4）按工作状态指示和工作情况要求选择按钮和指示灯的颜色。

4. 按钮的安装

（1）按钮安装在面板上时，应布置整齐，排列合理，如根据电动机启动的先后顺序，从上到下或从左到右排列。

（2）同一机床运动部件有几种不同的工作状态时（如上、下、前、后、松、紧等），应使每一对相反状态的按钮安装在一组。

（3）按钮的安装应牢固，安装按钮的金属板或金属按钮盒必须可靠接地。

（4）由于按钮的触点间距较小，如有油污等极易发生短路故障，所以应注意保持触点间的清洁。

二、行程开关

1. 行程开关的功能

行程开关利用生产机械的某些运动部件的碰撞来发出控制指令，主要用于控制生产机械的运动方向、速度、行程大小或位置，是一种自动控制电器。

2. 行程开关的工作原理

行程开关利用生产机械运动部件的碰压使其触头动作，从而将机械信号转变为电信号，使运动机械按一定的位置或行程实现自动停止、反向运动、变速运动或自动往返运动等。

3. 行程开关的结构及动作原理

行程开关的结构如图 3-2 所示。当运动机械的挡铁撞到行程开关的滚轮时，传动杠杆便同转轴一起转动，使滚轮撞动撞块，当撞块被压到一定位置时，推动微动开关快速动作，其常闭触头断开、常开触头闭合；滚轮上的挡铁移开后，复位弹簧就使行程开关各部分复位。

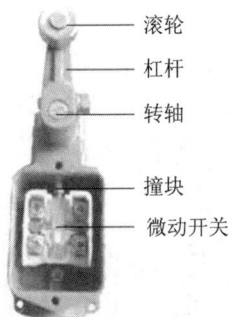

图 3-2 行程开关的结构

4. 行程开关的符号及型号含义

行程开关的符号如图 3 - 3 所示。

$$SQ\ \text{常开触头} \qquad SQ\ \text{常闭触头} \qquad SQ\ \text{复合触头}$$

图 3 - 3 行程开关的符号

型号含义如下：

```
        L  X  □ — □ □ □
主令电器 ┘  │  │   │ │ └ 复位代号
行程开关 ──┘  │   │ └── 滚轮位置
设计序号 ─────┘   └──── 滚轮数目
```

注：复位代号为1时能自动复位，为2时不能自动复位。

5. 行程开关的选用

（1）根据使用场合及控制对象选择种类。

（2）根据安装环境选择防护形式。

（3）根据控制回路的额定电压和额定电流选择系列。

（4）根据行程开关的传力与位移关系选择合理的操作头型式。

6. 行程开关的安装

（1）行程开关安装时，安装位置要准确，安装要牢固，滚轮的方向不能装反。

（2）挡铁与行程开关的碰撞位置应符合控制线路的要求，并确保行程开关能可靠地与挡铁碰撞。

✒️**任务准备**

实施本任务所使用的教学实训设备及工具材料可参考表 3 - 2。

表 3 - 2 实训设备及工具材料

序号	名　称	型 号 规 格	单位	数量	备注
1	电工常用工具		套	1	
2	万用表	MF47 型	块	1	
3	按钮	LA10—3H	只	1	
4	行程开关	LX19	只	1	

❋任务实施

一、常用主令电器的识别、拆装和检测

1. 主令电器的识别

整理工作台，观察摆放在实验台上的各种主令电器的外观特征，并填写表 3-3。

表 3-3　主令电器的识别

序号	1	2	3	4	5	6
名称						
型号						

2. 按钮的拆装与检测

认真观察按钮的结构，按照结构进行拆装，并根据检测操作填写表 3-4。

表 3-4　按钮的拆装和检测

序号	步　骤	工具/仪表	结　论
1	常闭触点检测		
2	常开触点检测		

3. 行程开关的拆装与检测

认真观察行程开关的结构，按照结构进行拆装，根据检测操作填写表 3-5。

表 3-5　行程开关的拆装和检测

序号	步　骤	工具/仪表	结　论
1	常闭触点检测		
2	常开触点检测		

二、主令电器常见故障的分析及检修

1. 按钮常见故障的分析及检修

按钮常见故障的分析及处理方法如表 3-6。

表 3 - 6   按钮常见故障的分析及处理方法

故障现象	原因分析	处理方法
触点接触不良	触点烧坏	修整触点或更换产品
	触点表面有尘垢	清洁触点表面
	触点弹簧失效	重绕弹簧或更换产品
触点间短路	塑料受热变形，短路	查明发热原因
	杂物或油污在触点间形成短路	清洁按钮内部

2. 行程开关常见故障的分析及检修

行程开关常见故障的分析及处理方法如表 3 - 7。

表 3 - 7   行程开关常见故障的分析及处理方法

故障现象	原因分析	处理方法
挡铁碰撞行程开关后，触点不动作	安装位置不准确	调整安装位置
	触点接触不良或接线松脱	清洁触点表面
	触点弹簧失效	更换弹簧
杠杆已经偏转，但触点不复位	复位弹簧失效	清洁内部杂物
	调节螺钉太长，顶住了开关按钮	检查调节螺钉

🖋 检查评议

对任务的实施情况进行检查，并将结果填入表 3 - 8。

表 3 - 8   任务测评表

序号	主要内容	考核要求	评分标准	配分	扣分	得分
1	元件识别	根据任务，识别各种主令电器，熟悉其结构和型号	1. 写错或漏写名称每只扣 4 分 2. 写错或漏写型号每只扣 3 分 3. 写错或漏写结构形式每只扣 3 分	30		
2	主令电器的测量	根据任务，能正确使用仪表，做出触头分合表	1. 仪表使用方法错误扣 10 分 2. 测量结果错误每次扣 5 分 3. 做不出触头分合表扣 20 分 4. 触头分合表错误，每处扣 4 分	30		

续表

序号	主要内容	考核要求	评分标准	配分	扣分	得分
3	主令电器的动作原理	根据任务，能叙述动作原理，知道零部件名称	1. 主要零部件的名称写错或漏写每只扣 2 分 2. 写不出动作原理扣 20 分 3. 动作原理叙述不正确扣 5～20 分	30		
4	安全文明生产	劳动保护用品穿戴整齐；电工工具佩带齐全；遵守操作规程；尊重老师，讲文明礼貌；考试结束要清理现场	1. 操作中，违反安全文明生产考核要求的任何一项扣 2 分，扣完为止 2. 发现学生有重大事故隐患时，要立即予以制止，并每次扣安全文明生产总分 5 分	10		
合计						
开始时间：			结束时间：			

项目思考题

1. 主令电器的作用是什么？常用的主令电器有哪几种类型？
2. 如何正确选用按钮？
3. 行程开关的触头动作方式有哪几种？
4. 安装行程开关应注意哪些问题？

项目 4　接　触　器

接触器是用于远距离频繁接通或断开交、直流主电路及大容量控制电路的一种自动切换电器。在大多数情况下，接触器的控制对象是电动机，也可以用于其他电力负载，如电热器、电焊机、电炉变压器等。接触器具有控制容量大、操作频率高、寿命长、能远距离控制等优点，同时还具有低压释放保护功能，所以在电气控制系统中应用十分广泛。

接触器的触点系统可以用电磁铁、压缩空气或液体压力等驱动，因而可分为电磁式接触器、气动式接触器和液压式接触器，其中以电磁式接触器应用最为广泛。根据接触器主触点通过电流的种类，可分为交流接触器和直流接触器。

任务　接触器的拆装与检修

知识目标：

1. 熟悉接触器的定义和作用。
2. 正确理解电磁式接触器的工作原理。
3. 能正确识别接触器的电气符号和型号。

能力目标：

1. 能正确操作和安装接触器。
2. 能根据故障现象，检修接触器。

素质目标：

养成独立思考和动手操作的习惯，培养小组协调能力和互相学习的精神。

✿工作任务

低压开关、主令电器等电器，都是依靠手控直接操作来实现触点接通或断开电路，属于非自动切换电器。但在电力拖动中，广泛应用的是自动切换电器，最典型的自动切换电器就是接触器。本任务的主要内容就是认识常用的接触器，了解其结构和原理，并掌握其拆装及检修的基本方法。

✿相关知识

一、接触器

接触器是一种自动的电磁式开关，能接通或切断交、直流主电路和控制电路，可实现远距离控制。几款常用交流接触器的外形如图 4-1 所示。

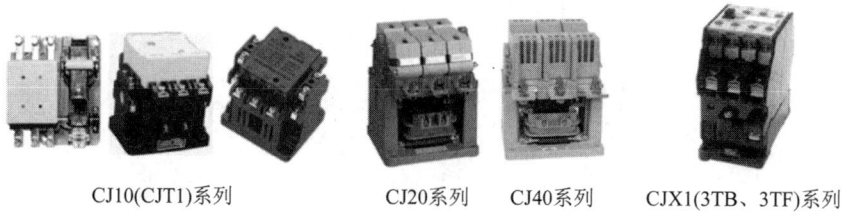

CJ10(CJT1)系列　　　　CJ20系列　CJ40系列　CJX1(3TB、3TF)系列

图 4-1　常用交流接触器

1. 交流接触器

1）交流接触器的结构

交流接触器的结构包括电磁系统、触头系统、灭弧装置及辅助部件，如图 4-2 所示。

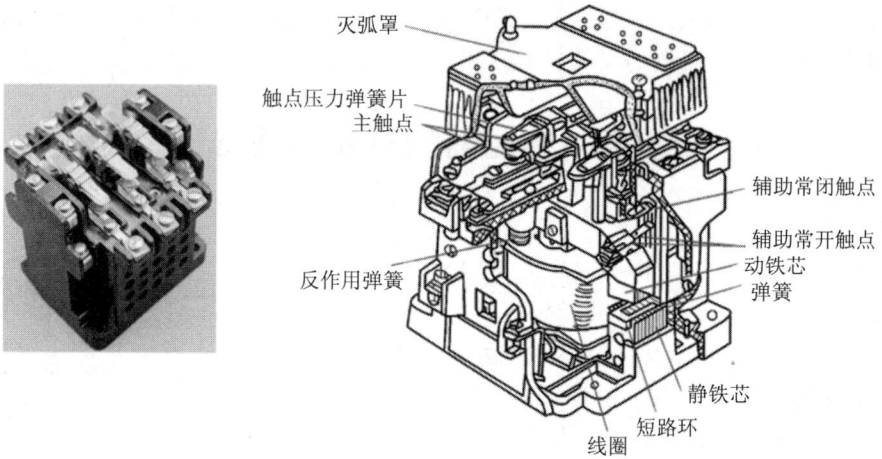

图 4-2　交流接触器的结构

（1）电磁系统。

电磁系统主要由线圈、静铁芯和动铁芯（衔铁）三部分组成。铁芯的两个端面上嵌有短路环，用以消除电磁系统的振动和噪声，如图 4-3 所示。

图 4-3　短路环

（2）触头系统。

接触器的触头按接触情况可分为点接触式、线接触式和面接触式三种，如图 4-4 所示。

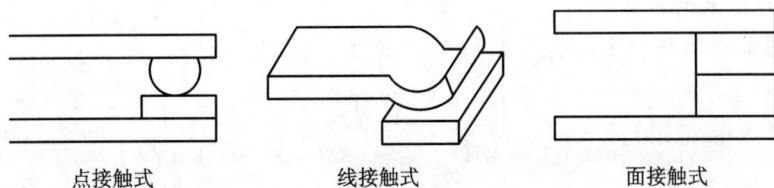

图 4 - 4　触头的三种接触形式

按触头的结构形式可分为桥式触头和指形触头两种，如图 4 - 5 所示。

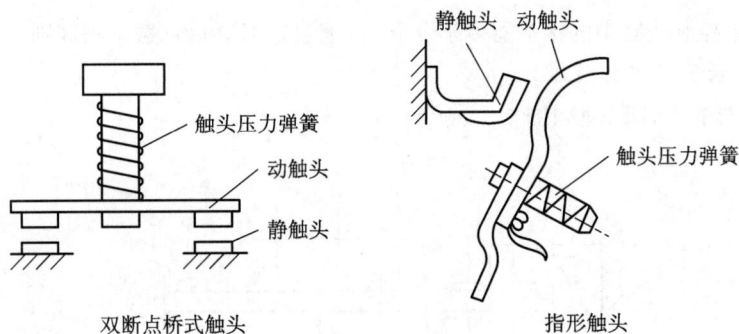

图 4 - 5　触头的结构形式

主触头：通断电流较大的主电路，一般由三对常开触头组成。

辅助触头：通断较小电流的控制电路，一般由两对常开和两对常闭触头组成。

常开和常闭：指电磁系统未通电动作前触头的状态。

当线圈通电时，常闭触头先断开，常开触头随后闭合，中间有一个很短的时间差。当线圈断电后，常开触头先恢复断开，随后常闭触头恢复闭合，中间也存在一个很短的时间差。

（3）灭弧装置。

灭弧装置的作用是熄灭触头分断时产生的电弧，以减轻电弧对触头的灼伤，保证可靠的分断电路。常见的灭弧装置有双断口结构电动力灭弧装置、纵缝灭弧装置和栅片灭弧装置，如图 4 - 6 所示。

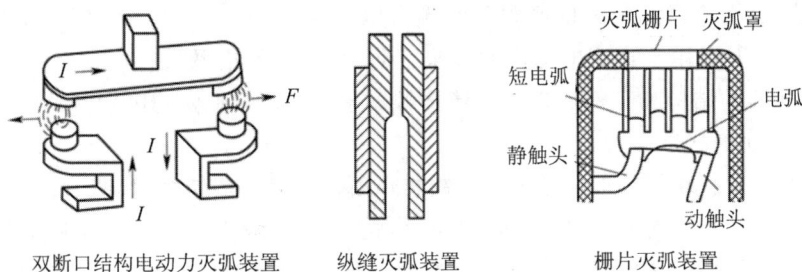

图 4 - 6　常用的灭弧装置

（4）辅助部件。

交流接触器的辅助部件有反作用弹簧、缓冲弹簧、触头压力弹簧、传动机构及底座、接线柱等。

2）交流接触器的符号

交流接触器在电路图中的符号如图 4-7 所示。

| 线圈 | 主触头 | 辅助常开触头 | 辅助常闭触头 |

图 4-7　接触器的符号

注意：如果控制线路中的接触器多于 1 个，则通过在 KM 后加数字来区别，如 KM_1、KM_2。

3）交流接触器的工作原理

交流接触器的工作原理如图 4-8 所示。

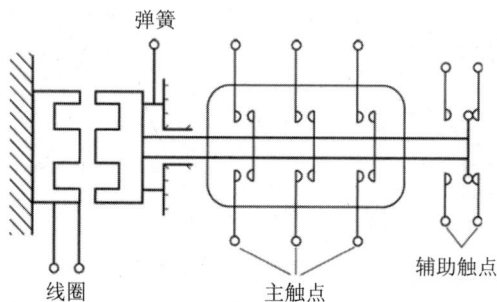

图 4-8　交流接触器的工作原理示意图

4）交流接触器的型号及其含义

交流接触器的型号及其含义如下：

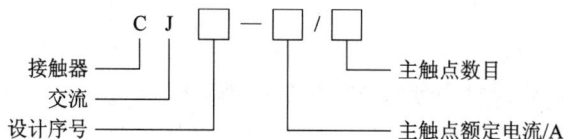

2. 直流接触器简介

直流接触器主要供远距离接通和分断额定电压 440 V、额定电流 1600 A 以下的直流电力线路之用，并适用于直流电动机的频繁启动、停止、换向及反接制动。

直流接触器的结构和工作原理与交流接触器基本相同，主要的区别涉及以下三方面：

1）电磁系统的区别

（1）铁芯可用整块铸钢或铸铁制成，铁芯端面也不需要嵌装短路环。

（2）在磁路中常垫有非磁性垫片，以减少剩磁影响，保证线圈断电后衔铁能可靠释放。

（3）直流接触器发热以线圈本身发热为主，为了使线圈散热良好，常常将线圈做成长又薄的圆筒形。

2）触头系统的区别

（1）主触头采用滚动接触的指形触头。

（2）辅助触头多采用双断点桥式触头，可有若干对。

3）灭弧装置的区别

直流接触器一般采用磁吹式灭弧装置结合其他灭弧方法灭弧。

3. 接触器的选用

选用接触器时应从其工作条件出发，主要考虑下列因素：

（1）控制交流负载应选用交流接触器；控制直流负载选用直流接触器。

（2）选择接触器主触点的额定电压：接触器主触点的额定电压应大于或等于控制线路的额定电压。

（3）选择接触器主触点的额定电流：接触器主触点的额定电流应不小于负载电路的额定电流；若在频繁启动、制动及正反转的场合使用，应将主触点的额定电流降低一个等级。

（4）选择接触器吸引线圈的电压：交流线圈电压有 36 V、110 V、127 V、220 V、380 V 几挡。当控制线路简单，使用电器较少时，为节省变压器，可直接选用 380 V 或 220 V 的交流电压；当线路复杂，使用电器超过 5 个时，从人身和设备安全角度考虑，电压要选低一些，可用 36 V 或 110 V 的交流电压。

（5）选择接触器的触点数量及类型：接触器的触点数量应满足控制支路数的要求，触点类型应满足控制线路的动作要求。

4. 接触器的安装

（1）安装前检查接触器铭牌、外观。

（2）接触器应安装在垂直面上，倾斜度应小于 5°；安装和接线时，注意不要将零件失落或掉入接触器内部，安装孔的螺钉应装有弹簧垫圈和平垫圈，需拧紧螺钉以防振动松脱。

（3）安装完毕，检查接线正确无误后，在主触点不带电的情况下操作几次，然后测量产品的动作值和释放值，测得数值应符合产品的规定要求。

（4）对有灭弧室的接触器，应先将灭弧罩拆下，待安装固定好后再将灭弧罩装上。带灭弧罩的交流接触器绝不允许不带灭弧罩或带破损的灭弧罩运行。

（5）接触器触点表面应经常保持清洁，不允许涂油。当触点表面因电弧作用形成金属小珠时，应及时铲除，但银合金表面产生的氧化膜，由于接触电阻很小，不必铲除，否则会缩短触点寿命。

✎**任务准备**

实施本任务所使用的教学实训设备及工具材料可参考表 4-1。

表 4-1 实训设备及工具材料

序号	名 称	型号规格	单位	数量	备注
1	电工常用工具		套	1	
2	万用表	MF47 型	块	1	
3	接触器	CJ10—20，线圈电压 380 V，电流 20 A	个	3	

❖ **任务实施**

一、接触器的识别、拆装和检测

1. 接触器的识别

识别给定的各种接触器，并填写表 4 - 2。

表 4 - 2　接触器的识别

序号	1	2	3	4	5	6
名称						
型号						

2. 交流接触器的拆装与检测

1）交流接触器的拆卸

认真观察交流接触器的结构，按照结构进行拆卸，并将操作过程填入表 4 - 3。

表 4 - 3　交流接触器的拆卸

型　号		容量/A		拆装步骤	主要零部件	
					名称	作用
触点对数						
主触点	辅助触点	常开触点	常闭触点			
触点电阻						
常开		常闭				
动作前	动作后	动作前	动作后			
电磁线圈						
工作电压		直流电阻				

2）交流接触器的检修

（1）检查灭弧罩有无破裂或烧损，清除灭弧罩内的金属颗粒。

（2）检查触点的磨损程度，严重时需更换。

（3）清除铁芯端面的油垢，检查铁芯有无变形及端面接触是否平整。

（4）检查触点压力弹簧是否变形或反作用弹力是否不足。

（5）检查线圈是否存在短路、断路及发热变色现象。

3）交流接触器的装配

按交流接触器拆卸的相反顺序进行装配，具体步骤如下：

（1）紧固主触点的静触点片或辅助动断触点的静触点片。

（2）装好动触点桥上辅助触点的动触点片。

（3）将动触点桥装入接触器壳内并紧固；将辅助动合触点的静触点片插入并紧固；松开动触点桥，使动触点桥上的辅助动合触点的静触点片接触良好。

（4）装上主触点的动触点片和压力弹簧片。

（5）放入反作用弹簧。

（6）放入线圈，并插好接线插头。

（7）放入反冲弹簧和静铁芯架，放上静态铁芯。

（8）放入底盖，紧固螺丝。

（9）压放动触桥，观察动触桥动作的灵活性及动断触点接触是否良好。

4）交流接触器的自检

（1）用万用表欧姆挡检查线圈及各触点是否良好。

（2）用兆欧表测量各触点间及主触点对地电阻是否符合要求。

（3）用手按住动触点，检查运动部分是否灵活，以防产生接触不良、振动和噪声。

二、接触器常见故障的分析及检修

1. 常见故障分析

（1）线圈故障。

线圈断线故障常由线圈过热烧毁引起，也可能由外力损伤引起。线圈烧毁的原因很多，例如电源电压过高，超过额定电压的 110% 就有可能烧毁线圈。另一方面，电源电压过低，低于额定值的 85% 也有可能烧毁接触器线圈。这是因为接触器衔铁吸合不上，线圈回路电抗值较小、电流过大，造成线圈烧毁。此外，电源频率与额定值不符、机械部分卡阻致使不能吸合、铁芯极面不平造成吸合磁隙过大，以及环境方面的因素如通风不良、过分潮湿、环境温度过高等，都会引起这种故障。

针对不同的故障原因，应采取不同的对策。如果是线圈不良故障，则更换同型号线圈即可；如果是铁芯有污物或极面不平，可视情况清理极面或更换铁芯。

（2）交流接触器响声过大。

电源电压过低、触头弹簧压力过大、铁芯歪斜都有可能造成交流接触器响声过大。交流接触器产生较大的响声，是因为线圈通入的是交流电，吸力是脉动的，可在极面上加短路环以避免噪声的产生，而短路环的断裂会造成响声过大。排除交流电接触器响声过大的方法一般为检查短路环、调整弹簧、清洗或研磨铁芯极面等。当然，电源电压比所需电压低得太多也会产生这种现象，故也应检查电源电压。

（3）接触器触头烧损太快。

接触器触头烧损太快有本身的质量问题，也有选用不当的原因。遇到这种问题，首先应该检查负荷电流是否超过接触器额定电流太多，或者是否用于频繁启动的场合，确属这种情况，则应更换大容量的交流接触器。如果被控对象是三相电动机，则应检查三相触头是否同步；如果不同步，三相电机启动时短时间内属于缺相运行，导致启动电流过大，应进行调整。

另外，还应检查触头压力是否正常，触头压力太小，会造成触头接触电阻增大，引起触点严重发热。可用纸条法测定触头压力，即取一条比触头稍宽一点的纸条，放在触头之间，交流接触器闭合时，若纸条很容易抽出，说明触头压力不足；若将纸条拉断，说明压力过大。触头压力合适的表现：小容量交流接触器稍用力能将纸条拉出并且纸条完好；大容量电器用力能拉出纸条但有破损。

对于触头上的氧化层、烧灼或毛刺、熔焊等问题的处理可以参考如下方法：

触头上有氧化层时，如果是银的氧化物则不必除去，如是铜的氧化物，应用小刀轻轻刮去；如有污垢，可用抹布蘸汽油或四氯化碳将其清洗干净。

触头烧灼或有毛刺时，应使用小刀或什锦锉整修触头表面。整修时不必将触头整修得十分光滑，因为过分光滑反而会使触头接触表面面积减小。另外，不要用砂纸去修整触头表面，以免金刚砂嵌入触头，影响触头的接触。

触头如有熔焊，必须查清原因，及时更换触头。发生熔焊的原因有负载侧短路、操作电压过低使交流接触器吸合不可靠或振动、灭弧装置损坏及接触器容量过小等。

（4）吸不上或不释放。

吸不上或吸不足的原因除了机械故障外，还有可能是电源电压过低、内阻过大、线圈断线等。不释放或释放缓慢的原因有触头弹簧失去弹性或弹性过弱使触头复位力量不足、触头熔焊、铁芯极面或铁芯导槽有污物、铁芯闭合时的去磁气隙减小等。

2. 故障检修案例

案例 1：一台 CJ10—20 交流接触器，通电后没有反应，不能动作。

原因分析：电磁机构中，线圈通电后会产生磁场，在磁场的作用下，固定铁芯与衔铁之间产生吸力，带动触头动作。接触器通电后不动作的原因有线圈断线、电源没有加上、机械部分卡死等。

检修方法：首先查外电源，结果正常；再查接触器线圈引线两端电压，结果正常；再拆下电源引线查线圈电阻，为无限大，确定线圈断线。打开接触器底盖，取出铁芯，检查线圈，发现引线从线端根部簧片处折断，其余部分完好。将簧片重新焊上，装好接触器，通电试验，恢复正常。

案例 2：一台 CJ10—20 交流接触器，通电后线圈内时有火花冒出，接触器跳动。

原因分析：有火花冒出，说明接触器线圈回路在接触器通电时有断路或短路现象，而接触器跳动，说明线圈通电过程中有间断现象。据此判断，问题应出在电气回路。

检修方法：拆开接触器，取下铁芯，检查线圈回路，发现线圈引线与端头簧片之间已断裂，只是由于引线本身的弹力，使断头仍与引线端头相连，在接触器动作时，受到振动才造成线圈回路时断时开，并在断头处产生火花。取出线圈与卡簧，焊牢组装后通电试验，恢复正常。

案例 3：一台内燃机启动器，通电后能工作，但输出电压只有 25 V，达不到正常的 36 V。

原因分析：电压较低有多方面的原因。这是一台可控硅控制的直流电源，因而造成输出电压较低的原因可能有外电源电压低、变压器故障、整流部分故障。

检修方法：依据先易后难的原则，先查电源进线，三相之间电压均为 380 V，结果正常；再查螺旋式熔断器后电源电压，三相之间为 380 V，结果正常；最后检查变压器输入电压，除 U、V 两相之间为 380 V 外，其余相间均不正常，偏低较多。再查接触器主触头，主触头均有不同程度的烧蚀现象,其中有一对触头已烧坏,不能接通。更换接触器,故障排除。

检查评议

对任务的实施情况进行检查,并将结果填入表 4 - 4。

表 4 - 4 任务测评表

序号	主要内容	考核要求	评分标准	配分	扣分	得分
1	接触器拆装	根据任务,按照步骤进行接触器的拆装	1. 写出拆装步骤得 5 分 2. 写出基本拆装方法得 5 分 3. 安装正确、整齐、牢固得 5 分 4. 拆装合理,装好后能正常工作得 30 分 5. 画出结构示意图与图形符号得 5 分	50		
2	接触器故障检修	人为设置隐蔽故障 2 个,根据故障现象,正确分析故障原因,采用正确的检修方法,排除全部故障	1. 不能根据故障现象分析故障原因扣 5 分 2. 检修方法错误扣 5 分 3. 只能排除 1 个故障扣 10 分 4. 2 个故障都未能排除扣 20 分	40		
3	安全文明生产	劳动保护用品穿戴整齐;电工工具佩带齐全;遵守操作规程;尊重老师,讲文明礼貌;考试结束要清理现场	1. 操作中,违反安全文明生产考核要求的任何一项扣 2 分,扣完为止 2. 发现学生有重大事故隐患时,要立即予以制止,并每次扣安全文明生产总分 5 分	10		
合计						
开始时间:			结束时间:			

项目思考题

1. 交流接触器主要由哪几部分构成?
2. 交流接触器动作时,常开触头和常闭触头的动作顺序是怎样的?
3. 简述交流接触器的工作原理。
4. 为什么电压过高或过低都会造成交流接触器的线圈烧毁?

项目5 继 电 器

继电器是一种小信号控制电器,它利用电流、电压、时间、速度、温度等作为输入信号来接通或断开小电流电路,实现自动控制和保护电力拖动装置的电器。

继电器一般由感测机构、中间机构和执行机构三个基本部分组成。感测机构把感测到的电气量(电压、电流等)或非电气量(热量、时间、压力、转速等)传递给中间机构,中间机构将它们与额定的整定值进行比较,当达到整定值(过量或欠量)时,中间机构便使执行机构动作,从而接通或分断被控电路。

由于继电器一般不用来控制主电路,而是通过接触器和其他开关设备对主电路进行控制,所以继电器载流容量小,不需灭弧装置。继电器具有体积小、重量轻、结构简单等特点,对灵敏度和准确性要求较高。常用的继电器有热继电器、中间继电器、时间继电器、速度继电器和电流继电器等。

任务 继电器的拆装与维修

知识目标:

1. 熟悉常见继电器的规格、基本构造、图形符号和文字符号。

2. 正确理解常见继电器的工作原理。

3. 能识读常见继电器产品型号的含义。

能力目标:

1. 能正确安装常见继电器。

2. 能使用电工工具修复常见继电器。

素质目标:

养成独立思考和动手操作的习惯,培养小组协调能力和互相学习的精神。

工作任务

低压开关、主令电器等电器,都是依靠手控直接操作来实现触点接通或断开电路,属于非自动切换电器。但在电力拖动中,广泛应用的是自动切换电器。用于控制和保护的最典型的自动切换电器就是继电器。本任务的主要内容就是认识常用的继电器,了解其结构和原理,并掌握拆装及检修的基本方法。

![相关知识图标] **相关知识**

一、热继电器

热继电器是一种利用电流的热效应来对电动机或其他用电设备进行过载保护的控制电器。

电动机在运行过程中，如果长期过载、频繁启动、欠电压运行或断相运行等都可能使电动机的电流超过它的额定值。如果电流超过额定值的量不大，熔断器在这种情况下是不会熔断的，这样就会引起电动机过热，损坏绕组的绝缘，缩短电动机的使用寿命，严重时甚至会烧坏电动机。因此，必须对电动机采取过载保护措施，最常见的是利用热继电器进行过载保护。

1. 热继电器的型号及其含义

热继电器的型号及其含义如下：

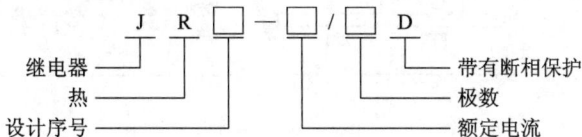

2. 热继电器的结构

热继电器的外形及结构如图 5-1 所示，它主要由热元件、触点系统、动作机构、复位按钮和整定电流装置等组成。

（1）热元件：有两块，它是热继电器的主要部分，由主双金属片及围绕在双金属片外面的电阻丝组成。双金属片是由两种热膨胀系数不同的金属片焊接而成的，如铁镍铬金和铁镍合金。电阻丝一般由康铜、镍铬合金等材料制成。使用时，将热元件的电阻丝直接串接在异步电动机的两相电路中。

（2）触点系统：触头由常闭触点和常开触点组成。

（3）动作机构：由导板、温度补偿双金属片、推杆、动触头连杆和弹簧等组成。

（4）复位按钮：用于继电器动作后的手动复位。

（5）整定电流装置：由带偏心轮的旋钮来调节整定电流值。

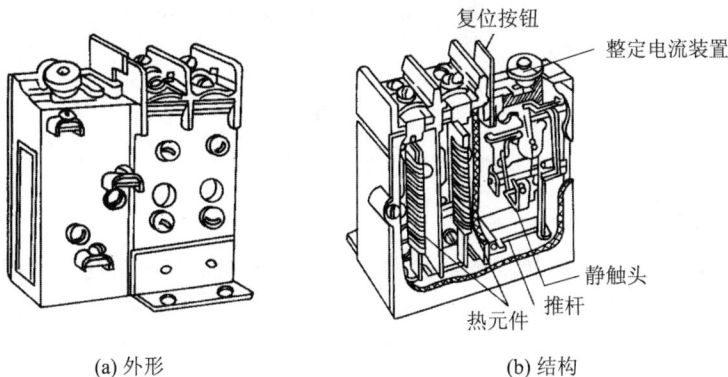

(a) 外形　　　　　　　　　　　　　　(b) 结构

图 5-1　热继电器的外形和结构

3. 热继电器的工作原理

如图 5-2 所示，当电动机绕组因过载引起过载电流时，发热元件所产生的热量足以使主双金属片弯曲，进而推动导板向右移动，导板又推动温度补偿片，使推杆绕轴转动，推动动触点连杆，使动触点与静触点分开，从而使电动机线路中的接触器线圈断电释放，将电源切断，起到了保护作用。

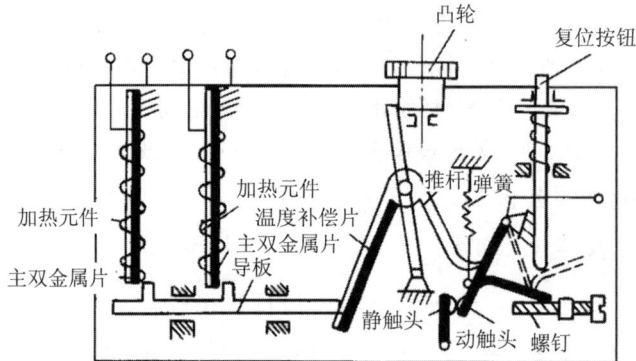

图 5-2　热继电器工作原理图

温度补偿片用来补偿环境温度对热继电器动作精度的影响，它是由与主双金属片同类的双金属片制成。当环境温度变化时，温度补偿片与主双金属片都在同一方向上产生附加弯曲，以补偿环境温度的影响。

热继电器动作后的复位有手动复位和自动复位两种。

手动复位：将调节螺钉拧出一段距离，使触点的转动超过一定角度，当双金属片冷却后，动触头不能自动复位，这时必须按下复位按钮使动触头复位，与静触头闭合。

自动复位：切断电源后，热继电器开始冷却，一段时间后双金属片恢复原状，动触点在弹簧的作用下自动复位，与静触点闭合。

4. 热继电器的符号

热继电器的符号如图 5-3 所示。

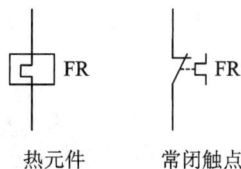

热元件　　　　　　　常闭触点

图 5-3　热继电器的符号

5. 热继电器的整定电流

热继电器的整定电流是指热继电器长期不动作的最大电流，超过此值就会动作。整定电流的调整如下：热继电器中凸轮上方是整定旋钮，有刻有整定电流值的标尺；旋动旋钮时，凸轮压迫支撑杆绕交点左右移动，支撑杆向左移动时，推杆与连杆的杠杆间隙加大，热继电器的热元件动作电流增大，反之动作电流减小。

当过载电流超过整定电流的 1.2 倍时，热继电器开始动作。过载电流越大，热继电器开始动作所需的时间越短。热继电器过载电流大小与动作时间的关系如表 5 - 1 所示。

表 5 - 1　过载电流与热继电器动作时间的关系

整定电流倍数	动作时间	起始状态
1.0	长期不动作	从冷态开始
1.2	小于 20 min	从热态开始
1.5	小于 2 min	从热态开始
6	大于 5 s	从冷态开始

6. 三相结构及带断相保护的热继电器

上述热继电器只有两个热元件，属于两相结构热继电器。一般情况下，电源的三相电压均衡，电动机的绝缘良好，电动机的三相线电流必相等，所以两相结构的热继电器可对电动机的过载进行保护。但是，当三相电源严重不平衡时，或者电动机的绕组内部发生短路故障时，就有可能使电动机的某一相的线电流比其余的两相线电流高；若恰巧该相线路中没有热元件，就不可能可靠地起到保护作用，所以应选用三相结构的热继电器。三相结构热继电器的结构、动作原理与二相结构热继电器相似。

热继电器所保护的电动机，如果是 Y 接法的，当线路发生一相断路（即缺相），另外两相发生过载时，流过热元件的电流也就是电动机绕组的相电流，普通二相或三相结构的热继电器都可起到保护作用。如果是△接法，当线路发生一相断路时，局部严重过载，而线电流大于相电流，普通二相或三相结构的热继电器还不能起到保护作用，此时必须采用三相结构带断相保护的热继电器，如 JR16 系列热继电器。三相结构带断相保护的热继电器具有一般热继电器的保护性能，并且当三相电动机一相断路或三相电流严重不平衡时，能及时动作，起到断相保护作用。

7. 热继电器的选用

热继电器在选用时，应根据电动机额定电流来确定热继电器的型号及热元件的电流等级。

（1）根据电动机的额定电流选择热继电器的规格，一般应使热继电器的额定电流略大于电动机的额定电流。

（2）根据需要的整定电流值选择热元件的电流等级。一般情况下，热元件的整定电流为电动机额定电流的 0.95～1.05 倍。

（3）根据电动机定子绕组的连接方式选择热继电器的结构形式，即定子绕组作 Y 形连接的电动机选用普通三相结构的热继电器，而作△连接的电动机应选用三相带断相保护装置的热继电器。

二、中间继电器

中间继电器是用来增加控制电路中的信号数量或将信号放大的电器。中间继电器的输入信号是线圈的通电和断电，输出信号是触点的动作，由于触点的数量较多，所以可以用来控制多个元件或回路。

1. 中间继电器的型号及其含义

中间继电器的型号及其含义如下：

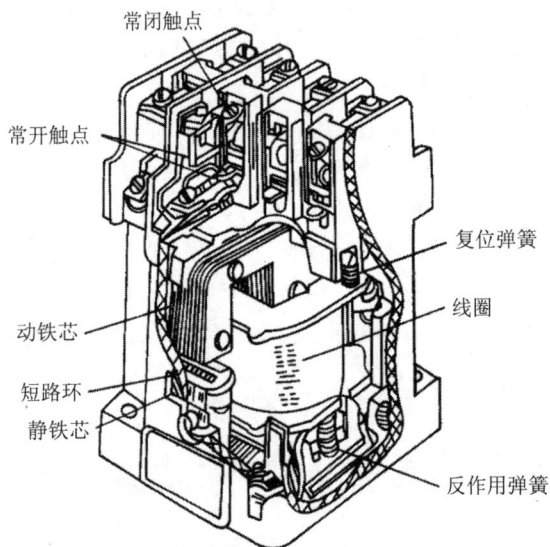

2. 中间继电器的结构及工作原理

中间继电器的基本结构和工作原理与 CJ10—10 等小型交流接触器基本相同，由电磁线圈、动铁芯、静铁芯、触点系统、反作用弹簧和复位弹簧等组成，如图 5-4 所示。中间继电器的触点系统无主辅之分，各对触点载流量基本相同，多为 5A。如果被控制电路的电流在 5A 以下，中间继电器就相当于一个小的交流接触器。

中间继电器的符号如图 5-5 所示。

图 5-4　中间继电器的结构　　　　　图 5-5　中间继电器的符号

3. 中间继电器的选用

中间继电器主要依据被控制电路的电压等级、所需触点对数、种类、容量等要求来选择。

三、时间继电器

时间继电器是利用电磁原理或机械动作原理实现触点延时闭合或延时断开的自动控制电器。时间继电器广泛应用于需要按时间顺序进行控制的电气线路中。常用的时间继电器主要有电磁式、电动式、空气阻尼式、晶体管式等，下面详细介绍空气阻尼式和晶体管式。

1. 空气阻尼式时间继电器

空气阻尼式时间继电器又称气囊式时间继电器，是利用气囊中的空气通过小孔的原理来获得延时动作的。根据触点延时的特点，空气阻尼式时间继电器可分为通电延时动作型和断电延时复位型两种。

1）型号及含义

空气阻尼式时间继电器的型号及其含义如下：

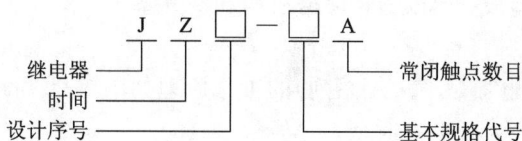

其中，基本规格代号意义：1—通电延时，无瞬时触点；2—通电延时，有瞬时触点；3—断电延时，无瞬时触点；4—断电延时，有瞬时触点。

2）符号

时间继电器的符号如图 5-6 所示。

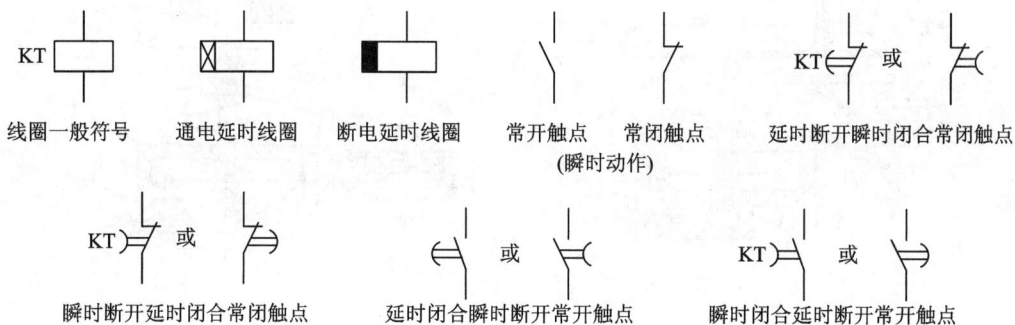

图 5-6　时间继电器的符号

3）外形和结构

空气阻尼式时间继电器（JS7—A 系列）的外形和结构如图 5-7 所示，它主要由电磁系统、触点系统、空气室、传动机构、基座五部分组成。

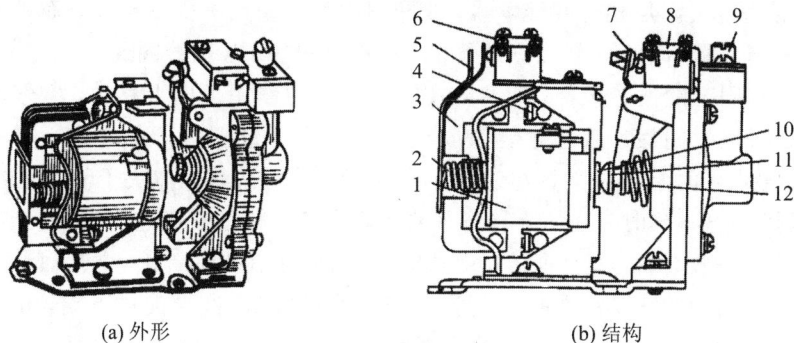

(a) 外形　　　　　　　　　　　(b) 结构

1—线圈；2—反力弹簧；3—衔铁；4—铁芯；5—弹簧片；6—瞬时触点；7—杠杆；
8—延时触点；9—调节螺钉；10—推杆；11—活塞杆；12—宝塔形弹簧

图 5-7　空气阻尼式时间继电器的外形与结构

（1）电磁系统：由线圈、铁芯和衔铁组成。

（2）触点系统：包括两对瞬时触点（一常开、一常闭）和两对延时触点（一常开、一常闭）。瞬时触点和延时触点分别是两个微动开关的触点。

（3）空气室：是一个空腔，由橡皮膜、活塞等组成。橡皮膜可随空气的增减而移动，顶部的调节螺钉可调节延时时间。

（4）传动机构：由推杆、活塞杆、杠杆及各种类型的弹簧等组成。

（5）基座：用金属制成，用以固定电磁机构和空气室。

4）工作原理

空气阻尼式时间继电器(JS7—A 系列)的工作原理如图 5-8 所示。其中，图 5-8(a) 为通电延时型，图 5-8(b) 为断电延时型。

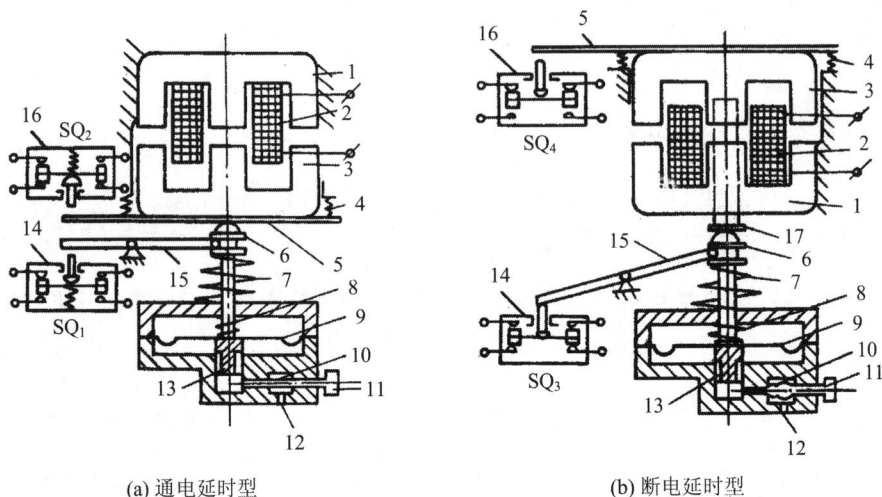

(a) 通电延时型　　　　　　　　　　(b) 断电延时型

1—铁芯；2—线圈；3—衔铁；4—反力弹簧；5—推板；6—活塞杆；7—宝塔形弹簧；8—弱弹簧；9—橡皮膜；
10—节流孔；11—调节螺钉；12—进气孔；13—活塞；14、16—微动开关；15—杠杆；17—推杆

图 5-8　空气阻尼式时间继电器工作原理图

（1）通电延时型。

通电延时型空气阻尼式时间继电器，线圈通电后，触点不立即动作，而是要延长一段时间才动作；当线圈断电后，触点立即复位。动作过程如下：当线圈通电时，衔铁克服反力弹簧的阻力，与固定的铁芯吸合，活塞杆在宝塔弹簧的作用下向上移动，空气由进气孔进入气囊；经过一段时间后，活塞才能完成全部过程到达最上端，通过杠杆压动微动开关 SQ₄，使常闭触点延时断开，常开触点延时闭合。延时时间的长短取决于节流孔的节流程度，进气越快，延时越短。延时时间的调节是通过旋动节流孔螺钉改变进气孔的大小实现的。微动开关 SQ₃ 在衔铁吸合后，通过推板立即动作，使常闭触点瞬时断开，常开头瞬时闭合。

当线圈通电时，衔铁在弹簧的作用下，通过活塞杆将活塞推向最下端，这时橡皮膜下方空气室内的空气通过橡皮膜，弱弹簧和活塞的局部形成单向阀，空气很迅速地从橡皮膜上方空气室缝隙排掉，使微动开关 SQ₄ 的常闭触点瞬时闭合，常开触点瞬时断开，而 SQ₃ 的触点也瞬时动作，立即复位。

（2）断电延时型。

断电延时型和通电延时型的组成元件是通用的，只是电磁铁翻转 180°。当线圈通电时，衔铁被吸合，带动推板压合微动开关 SQ₁，使常闭触点瞬时断开，常开触点瞬时闭合，同时衔铁压动推杆，使活塞杆克服弹簧的阻力向下移动，通过拉杆使微动开关 SQ₂ 也瞬时动作，常闭触点断开，常开触点闭合，没有延时作用。

当线圈断电时，衔铁在反力弹簧的作用下瞬时断开，此时推板复位，使 SQ_1 的各触点瞬时复位，同时使活塞杆在塔式弹簧及空气室各元件作用下延时复位，使 SQ_2 的各触点延时动作。

5）选用

（1）根据系统的延时范围和精度选择时间继电器的类型和系列。在延时精度要求不高的场合，一般可选用价格较低的 JS7—A 系列空气阻尼式时间继电器；反之，对精度要求较高的场合，可选用晶体管式时间继电器。

（2）根据控制线路的要求选择时间继电器的延时方式（通电延时或断电延时），同时还必须考虑线路对瞬时动作触点的要求。

（3）根据控制线路电压选择时间继电器吸引线圈的电压。

2. 晶体管式时间继电器

晶体管式时间继电器也称半导体时间继电器或电子式时间继电器，它具有机械结构简单、延时范围广、精度高、消耗功率小、调整方便及寿命长等优点。随着电子技术的发展，晶体管式时间继电器也在迅速发展，现已日益广泛应用于电力拖动、顺序控制及各种生产过程的自动控制中。

晶体管式时间继电器的输出形式有无触点式和有触点式两种，前者是用晶体管驱动小型电磁式继电器，后者是采用晶体管或晶闸管输出的。常用的 JS20 系列晶体管式时间继电器是全国推广的统一设计产品，适用于交流 50 Hz、电压 380 V 及以下或直流 110 V 及以下的控制电路，在电路中作为时间控制元件，按预定的时间延时，周期性地接通或分断电路。

四、电流继电器

根据线圈中电流的大小接通或断开电路的继电器称为电流继电器。电流继电器的线圈串接在电路中，为了不影响电路正常工作，电流继电器吸引线圈匝数少，导线粗。

电流继电器分为过电流继电器和欠电流继电器，另外还有电子式过电流继电器。

1. 过电流继电器

当继电器线圈电流高于整定值时开始动作的继电器称为过电流继电器。过电流继电器主要用于频繁启动和重载启动场合，作为电动机或主电路的短路和过载保护。

1）型号及含义

常用的过电流继电器有 JT4 系列交流通用继电器和 JL14 系列交直流通用继电器，其型号及含义分别如下：

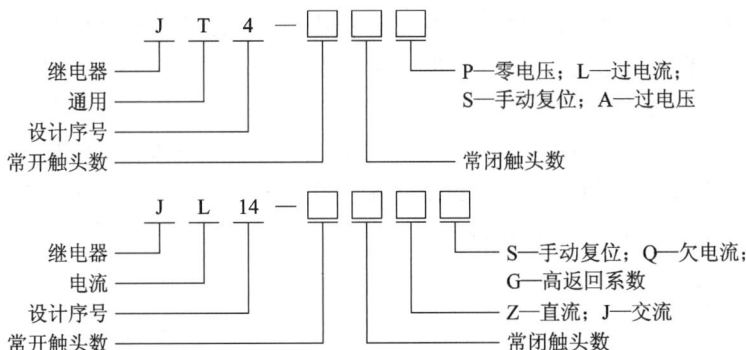

2）结构及工作原理

JT4 系列过电流继电器的外形结构及符号如图 5-9 所示，它主要由铁芯、线圈、衔铁、触点系统和反作用弹簧等部分组成。

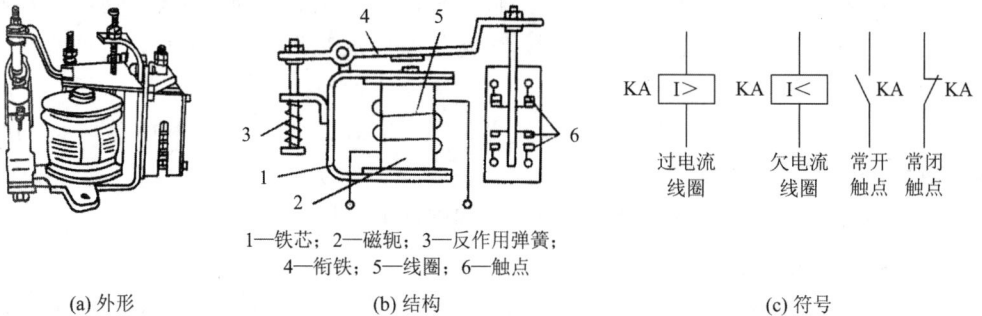

1—铁芯；2—磁轭；3—反作用弹簧；
4—衔铁；5—线圈；6—触点

(a) 外形　　　　　(b) 结构　　　　　(c) 符号

图 5-9　JT4 系列过电流继电器

工作原理：过电流继电器正常工作时，线圈通过的电流为额定值，所产生的电磁力不足以克服反作用弹力，常闭触点仍保持闭合状态；当通过线圈的电流超过额定值后，电磁吸力大于反作用弹簧拉力，铁芯吸引衔铁，使常闭触点断开，常开触点闭合。

调节反作用弹簧弹力，可调节继电器的动作电流值。

JT4 系列为交流通用继电器，在这种继电器的电磁系统上装设不同的线圈，便可制成过电流继电器、欠电流继电器、过电压继电器或欠电压继电器。

3）选用

（1）过电流继电器的额定电流一般可按电动机长期工作的额定电流来选择。对于频繁启动的电动机，由于启动电流的发热效应，继电器线圈的额定电流可选大一个等级。

（2）过电流继电器的触点类型、数量和额定电流应满足控制线路的要求。

（3）过电流继电器的整定值一般为电动机额定电流的 1.7～2 倍。

2. 欠电流继电器

欠电流继电器是当线圈电流降到低于整定值时释放的继电器，所以线圈电流正常时，衔铁处于吸合状态。电流继电器主要用于直流电动机励磁电路和电磁吸盘的失磁保护。

常用的欠电流继电器有 JL14-Q 系列产品，其结构与工作原理和 JT4 系列继电器相似。

3. 电子式过电流继电器

电子式过电流继电器是机械式电流继电器的升级换代产品。电子式过电流继电器通过取样电阻及 A/D 转换电路，将被测电流转换成数字量，并通过三位 LED 数码管分别将吸合电流、释放电流及被测电流显示出来（通过拨动显示选择开关），继电器内的两个比较器将被测电流分别与吸合电流整定值、释放电流整定值进行比较，当被测电流大于吸合电流整定值时，继电器吸合，此时面板上红色指示灯亮；当被测电流小于释放电流整定值时，继电器释放。

电子式过电流继电器系列产品适用于交流设备，用以保护电机、变压器与输电线的过载及短路，当发生故障时，继电器能可靠动作，保证设备之安全。

五、电压继电器

根据线圈两端电压的大小接通或断开电路的继电器称为电压继电器。这种继电器并联在主电路中，线圈的导线粗，匝数多，阻抗大。电压继电器刻度表上标出的数据是继电器的动作电压。

1. 电压继电器的型号含义

电压继电器的型号含义如下：

```
        J   T   4 — □  □  P
继电器 ───┘   │   │   │  │  └─── 零电压
通用 ───────┘   │   │  │
设计序号 ───────┘   │  └─── 常闭触头数
常开触头数 ──────────┘
```

2. 电压继电器的符号

电压继电器在电气原理图中的符号如图 5 - 10 所示。

KV U>   KV U<   KV   KV

过电压　　欠电压　　常开　　常闭
线圈　　　线圈　　　触点　　触点

图 5 - 10　电压继电器符号

3. 电压继电器的结构和工作原理

电压继电器有过电压继电器和欠电压(或零压)继电器之分。常用的电压继电器的外形结构及动作原理与电流继电器相似。一般情况下，过电压继电器在电压为 $1\sim1.15$ 倍额定电压以上时动作，对电路进行过电压保护；欠电压继电器在电压为 $0.4\sim0.7$ 倍额定电压时动作，对电路进行欠电压保护。

六、速度继电器

速度继电器又称反接制动继电器，它的作用是实现电动机反接制动控制。速度继电器广泛运用于机床控制电路中，常用的有 JY1 和 JFZ0 两个系列。

1. 型号及含义

以 JFZ0 系列速度继电器为例，介绍速度继电器的型号及其含义，如下：

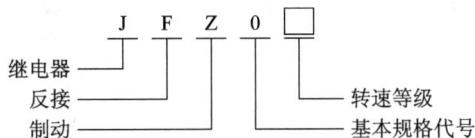

```
        J   F   Z   0   □
继电器 ───┘   │   │   │   │
反接 ───────┘   │   └─── 转速等级
制动 ───────────┘       └─── 基本规格代号
```

2. 速度继电器的结构及工作原理

JY1 型速度继电器的外形和基本结构如图 5 - 11 所示，它主要由永久磁铁制成的转子、用硅钢片叠压而成的铸有笼形绕组的定子、支架、胶木摆杆和触点系统等组成，其中转子与被控制电动机的转轴相接。

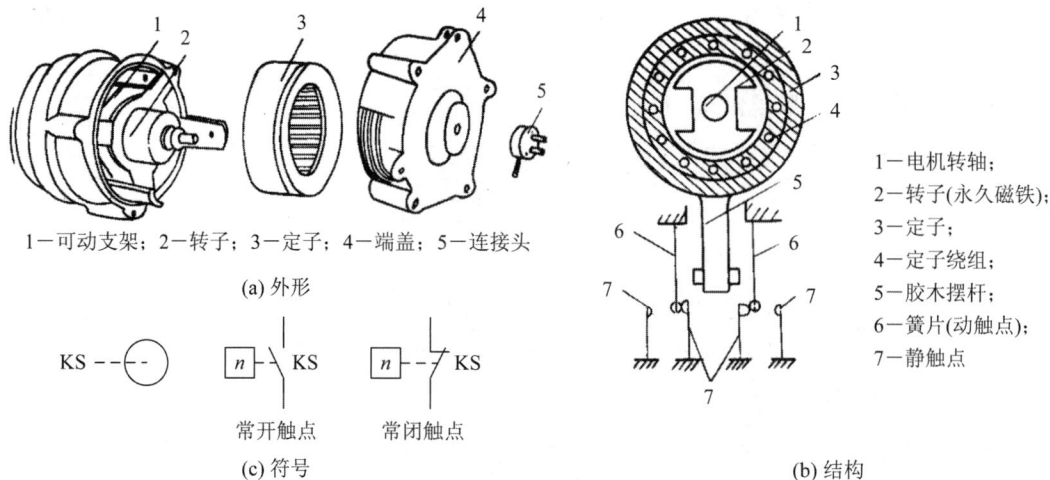

1—可动支架；2—转子；3—定子；4—端盖；5—连接头

(a) 外形

1—电机转轴；
2—转子(永久磁铁)；
3—定子；
4—定子绕组；
5—胶木摆杆；
6—簧片(动触点)；
7—静触点

常开触点   常闭触点

(c) 符号

(b) 结构

图 5-11 JY1 型速度继电器

需要电动机制动时，被控制电动机带动速度继电器转子转动，转子的旋转磁场在速度继电器定子绕组中感应出电动势和电流，通过左手定则可以判断，此时定子受到与转子转向相同的电磁转矩的作用，使定子和转子沿着同一方向转动。定子上有胶木摆杆，胶木摆杆也随着定子转动，并推动簧片(端部有动触点)断开常闭触点，接通常开触点，切断电机正转电路，接通电动机反转电路，进而完成反接制动。

JY1 型速度继电器在被控制电动机转速为 300～3000 r/min 范围内，能可靠工作，实现反接制动；当被控制电动机转速低于 100 r/min 时，它的转子停转，恢复原状，分断反接制动电路。实际上，被控制电动机转速低于 100 r/min 时，已完成制动，应该切断制动电路，避免电动机反转，这正好满足了电动机制动的要求。

3. 速度继电器的选用

速度继电器主要根据所需控制的转速大小、触点数量和电压、电流来选用。

任务准备

实施本任务所使用的教学实训设备及工具材料可参考表 5-2。

表 5-2 实训设备及工具材料

序号	名　称	型号规格	单位	数量	备注
1	电工常用工具		套	1	
2	万用表	MF47 型	块	1	
3	热继电器	JR16—20/3，三极，20A	只	2	
4	中间继电器	JZ14—44	只	1	
5	时间继电器	JS7—4A	只	1	
6	通用继电器	JT14	只	4	
7	速度继电器	JFZ0—1	只	1	

任务实施

一、继电器的识别、拆装和检测

1. 各种继电器的识别

识别给定的各种继电器，并填写表5-3。

表 5-3　继电器的识别

序号	1	2	3	4	5	6
名称						
型号						

2. 时间继电器的拆装与检测

1) 时间继电器的拆卸

认真观察空气阻尼式时间继电器的结构，按照结构进行拆卸，并将操作步骤填入表5-4。

表 5-4　时间继电器的拆卸

型　　号		容量/A		拆装步骤	主要零部件	
					名称	作用
触点对数						
延时触点	瞬时触点	常开触点	常闭触点			
触点电阻						
常开		常闭				
动作前	动作后	动作前	动作后			
电磁线圈						
工作电压		直流电阻				

2) 时间继电器的检测

(1) 检查灭弧罩有无破裂或烧损，清除灭弧罩内的金属颗粒。

(2) 检查触点的磨损程度，严重时需更换。

(3) 清除铁芯端面的油垢，检查铁芯有无变形及端面接触是否平整。

(4) 检查触点压力弹簧是否变形或反作用弹力是否不足。

(5) 检查线圈是否存在短路、断路及发热变色现象。

3) 时间继电器的装配

按时间继电器拆卸的相反顺序进行装配。

4）时间继电器的自检

用万用表欧姆挡检查线圈及各触点是否良好，用兆欧表测量各触点间及主触点对地电阻是否符合要求。用手按住动触点检查运动部分是否灵活，以防产生接触不良、振动和噪声。

二、继电器常见故障的分析及检修

继电器是一种根据外界输入的信号，如电气量（电压、电流）或非电气量（热量、时间、转速等）的变化，接通或断开控制电路，以完成控制或保护任务的电器。继电器有三个基本部分，即感测机构、执行机构和中间机构，下面分别阐述它们的常见故障及检修方法。

1. 感测机构的检修

对于电磁式（电压、电流、中间）继电器，其感测机构即为电磁系统。电磁系统的故障主要集中在线圈及动、静铁芯部分。

1）线圈故障检修

线圈故障通常有线圈绝缘损坏；受机械损伤形成匝间短路或接地；由于电源电压过低，动、静铁芯接触不严密，使通过线圈的电流过大，线圈发热以致烧毁。修理时，应重绕线圈。

如果线圈通电后衔铁不吸合，可能是线圈引出线连接处脱落，使线圈断路，检查出脱落处后焊接上即可。

2）铁芯故障检修

铁芯故障主要有通电后衔铁吸不上，这可能是由于线圈断线，动、静铁芯之间有异物，电源电压过低等造成的，应区别情况处理。

通电后衔铁噪声大，这可能是由于动、静铁芯接触面不平整，或有油污染造成的。修理时应取下线圈，锉平或磨平其接触面；如有油污应进行清洗。

噪声大可能是由于短路环断裂引起的，修理或更换新的短路环即可。

断电后衔铁不能立即释放，这可能是由于动铁芯被卡住、铁芯气隙太小、弹簧劳损和铁芯接触面有油污等造成的。检修时应针对故障原因区别对待，或调整气隙使其保护在 $0.02 \sim 0.05$ mm，或更换弹簧，或用汽油清洗油污。

对于热继电器，其感测机构是热元件，常见故障是热元件烧坏，或热元件误动作和不动作。

热元件烧坏，这可能是由于负载侧发生短路，或热元件动作频率太高造成的。检修时应更换热元件，重新调整整定值。

热元件误动作，这可能是由于整定值太小，未过载就动作，或使用场合有强烈的冲击及振动，使其动作机构松动脱扣，引起误动作。

热元件不动作，这可能是由于整定值太小，使热元件失去过载保护功能。检修时，应根据负载工作电流调整整定电流。

2. 执行机构的检修

大多数继电器的执行机构都是触点系统，通过触点系统的通与断，来完成一定的控制功能。触点系统的故障一般有触点过热、磨损、熔焊等。引起触点过热的主要原因是容量不够，触点压力不够，表面氧化或不清洁等；引起触点磨损加剧的主要原因是触点容量太小，电弧温度过高使触点金属氧化等；引起触点熔焊的主要原因是电弧温度过高，或触点严重跳动等。触点的检修顺序如下：

（1）打开外盖，检查触点表面情况。

（2）如果触点表面氧化，对银触点可不作修理，对铜触点可用油光锉锉平或用小刀轻轻刮去表面的氧化层。

（3）如果触点表面不清洁，可用汽油或四氯化碳清洗。

（4）如果触点表面有灼伤烧毛痕迹，对银触点可不必整修，对铜触点可用油光锉或小刀整修。不允许用砂布或砂纸来整修，以免残留砂粒，造成接触不良。

（5）触点如果熔焊，应更换触点。如果是因触点容量太小造成的熔焊，则应更换容量大一级的继电器。

（6）如果触点压力不够，应调整弹簧或更换弹簧来增大压力。若压力仍不够，则应更换触点。

3. 中间机构的检修

对于空气式时间继电器，其中间机构主要是气囊，常见故障是延时不准。这可能是由于气囊密封不严或漏气，使动作延时缩短，甚至不延时；也可能是气囊空气通道堵塞，使动作延时变长。修理时，对于前者应重新装配或更换新气囊，对于后者应拆开空气室，清除堵塞物。

对于速度继电器，其胶木摆杆属于中间机构。如反接制动时电动机不能制动停转，就可能是胶木摆杆断裂，检修时应予以更换。

检查评议

对任务的实施情况进行检查，并将结果填入表 5-5。

表 5-5　任务测评表

序号	主要内容	考 核 要 求	评 分 标 准	配分	扣分	得分
1	继 电 器拆装	根据任务，按照继电器的拆装步骤，进行继电器的拆装	1. 写出拆装步骤得 5 分 2. 写出基本拆装方法得 5 分 3. 安装正确、整齐、牢固得 5 分 4. 拆装合理，装好后能正常工作得 30 分 5. 画出结构示意图与图形符号得 5 分	50		
2	继电器故障检修	人为设置隐蔽故障 2 个，根据故障现象，正确分析原因，采用正确的检修方法，排除全部故障	1. 不能根据故障现象分析原因扣 5 分 2. 检修方法错误扣 5 分 3. 只能排除 1 个故障扣 10 分，2 个故障都未能排除扣 20 分	40		

序号	主要内容	考 核 要 求	评 分 标 准	配分	扣分	得分
3	安全文明生产	劳动保护用品穿戴整齐；电工工具佩带齐全；遵守操作规程；尊重老师，讲文明礼貌；考试结束要清理现场	1. 操作中，违反安全文明生产考核要求的任何一项扣2分，扣完为止 2. 发现学生有重大事故隐患时，要立即予以制止，并每次扣安全文明生产总分5分	10		
合计						
开始时间：			结束时间：			

项目思考题

1. 什么是热继电器？它有哪些用途？

2. 简述热继电器的工作原理。

3. 中间继电器与交流接触器有什么区别？什么情况下可用中间继电器代替交流接触器？

4. 简述空气阻尼式时间继电器的结构。

5. 选用空气阻尼式时间继电器时要注意什么？

6. 什么是电流继电器？与电压继电器相比，其线圈有什么特点？

7. 速度继电器的主要作用是什么？

项目 6　电气控制系统图绘制

电气控制电路是由各种电气元件按一定要求连接而成的，用以实现对某种设备的电气自动化控制。为了表示电气控制电路的组成、工作原理及安装、调试、维修等技术要求，需要用统一的工程语言即工程图来表示，这种图就是电气控制系统图。

电气控制系统图（简称电气图）一般有三种：电气原理图、电气元件布置图、电气安装接线图。下面对各种电气图的特点、作用、绘图原则和标准进行简单介绍，并进行摇臂钻床和铣床电气图的绘制。

任务　普通机床电气控制系统图的绘制

知识目标：

1. 熟悉电气图的一般特点。

2. 正确理解电气图的图形符号和电气符号。

3. 能正确识读电气原理图、电气元件布置图和电气安装接线图。

能力目标：

1. 会查询电工手册，找出电气设备的图形符号和电气符号。

2. 能根据电气控制电路的绘制原则及标准，绘制普通机床的电气控制系统图。

素质目标：

养成独立思考和动手操作的习惯，培养小组协调能力和互相学习的精神。

工作任务

本任务的主要内容是完成万能铣床和摇臂钻床电气控制系统图的绘制。

相关知识

一、电气图的一般特点

1. 电气图的主要表达方式

电气图的主要表达方式是一种简图，它并不是严格按几何尺寸和绝对位置测绘的，而是用规定的标准符号和文字表示系统或设备的组成及相互关系。

2. 电气图的主要描述对象

电气图的主要描述对象是电气元件和连接线。连接线可用单线法和多线法表示，两种表示方法在同一张图上可以混用。电气元件在图中可以采用集中表示法、半集中表示法、分开表示法。集中表示法是把一个元件的各组成部分的图形符号绘制在一起；分开表示法是将同一元件的各组成部分分开布置，有些可以画在主回路，有些可以画在控制回路；半集中表示法介于上述两种方法之间，在图中将一个元件的某些部分的图形符号分开绘制，并用虚线表示其相互关系。

在绘制电气图时，一般采用的线条有实线、虚线、点画线和双点画线。线宽的规格有：0.18 mm、0.25 mm、0.35 mm、0.5 mm、0.7 mm、1.0 mm、1.4 mm、2.0 mm。绘制图线时还要注意：图线采用两种宽度，粗对细之比应不小于 2∶1；平行线之间的最小距离不小于粗线宽度的 2 倍，建议不小于 0.7 mm。

3. 电气图的主要组成部分

一个电气控制系统是由各种元器件组成的，在表示元器件的构成、功能或电气接线时，没有必要也不可能一一画出各种元器件的外形结构，通常是用一种简单的图形符号表示的。同时，为区分作用不同的同一类型电器，还必须在符号旁标注不同的文字符号以区别元器件的名称、功能、状态、特征及安装位置等。因此，通过图形符号和文字符号，就能使读者对电器的不同用途一目了然。

二、电气图的图形符号和文字符号

为了与各国科学技术领域开展交流与借鉴，促进我国电气技术的发展，参照国际电工委员会（International Electrotechnical Commission，IEC）、TC3（图形符号委员会）等国际组织颁布的技术标准，我国先后制定了 28 个电气制图新标准，以利于在电工技术方面与国际接轨，其中包括识图和画图使用的电气设备图形符号和文字符号标准。

1. 图形符号和文字符号

在电气控制系统图中，各种电气元件的图形符号和文字符号必须符合国家标准的统一要求。为便于加强国内与国际间的技术交流，国家标准局修订并颁布了 GB/T 4728—1999～2005《电气简图用图形符号》和 GB/T 7159—1987《电气技术中的文字符号制定通则》。

2. 电路和接线端子标记

电路采用字母、数字、符号及其组合标记。

接线端子标记是指用以连接器件和外部导电部件的标记。电气控制系统图中各电器的接线端子用字母、数字、符号标记，符合国家标准 GB/T 4026—2004《人机界面标志标识的基本方法和安全规则——设备端子和特定导体终端标识及字母数字系统的应用通则》的规定。

三相交流电源和中性线采用 L_1、L_2、L_3、N 标记。直流系统的电源正、负、中间线分别用 L+、L-、M 标记。保护接地线用 PE 标记，接地线用 E 标记。

连接在电源开关后的三相交流电源主电路分别按 U、V、W 顺序标记。分级三相交流电源主电路采用三相文字代号 U、V、W 前加上阿拉伯数字 1、2、3 等来标记，如 1U、1V、1W 及 2U、2V、2W 等。

各电动机分支电路的各接点标记，采用三相文字代号后面加数字下角标来表示，数字中的个位数表示电动机代号，十位数表示该支路各接点的代号，从上到下按数字大小顺序标记。如 U_{11} 表示 M_1 电动机第一相的第一个接点代号，U_{21} 为第一相的第二个接点代号，依次类推。电动机绕组首端分别用 U、V、W 标记，尾端分别用 U'、V'、W' 标记，双绕组的中点用 U''、V''、W'' 标记。

控制电路采用阿拉伯数字编号，一般由三位或三位以下的数字组成，标记方法按"等电位"原则进行。在垂直绘制的电路中，标号顺序一般由上而下编制，凡是被线圈、绕组、触点或电阻、电容元件所间隔的线段，都应标以不同的线路标记。

三、电气原理图

电气原理图是根据电气控制电路工作原理绘制的，具有结构简单、层次分明、便于研究和分析电路工作原理的特征。在电气原理图中只包括所有电气元件的导电部件和接线端点之间的相互关系，并不按照电气元件的实际位置绘制，也不反应电气元件的大小。电气原理图的作用是便于详细了解控制系统的工作原理，指导系统或设备的安装、调试与维修。电气原理图是电气控制系统图中最重要的图形之一，也是识图的难点和重点。

下面以图 6-1 所示的 CW6132 型车床控制系统电气原理图为例，介绍电气原理图的绘制原则、方法以及注意事项。

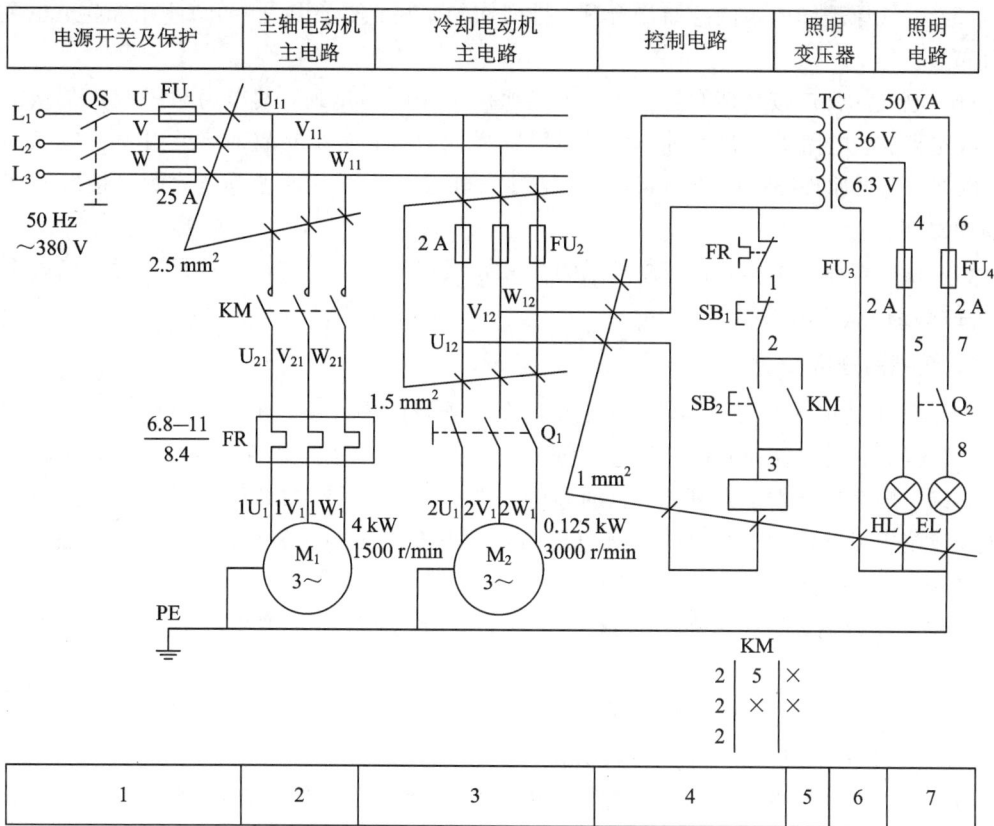

图 6-1 CW6132 型车床控制系统的电气原理图

1. 电气原理图的绘制原则

（1）电气原理图一般分为主电路和辅助电路两部分。主电路指从电源到电动机绕组的大电流通过的路径。辅助电路包括控制电路、照明电路、信号电路及保护电路等，由继电器的线圈和触点、接触器的线圈和辅助触点、按钮、照明灯、信号灯、控制变压器等电气元件组成。通常主电路用粗实线表示，画在左边（或上部）；辅助电路用细实线表示，画在右边（或下部）。

（2）电气原理图中各电气元件不画实际的外形图，而采用国家规定的统一标准图形符号，文字符号也要符合国家标准的规定。属于同一电器的线圈和触点，都要采用同一文字符号表示。对同类型的电器，在同一电路中的表示可在文字符号后加注阿拉伯数字序号下角标来区分。

（3）在电气原理图中，各个电气元件和部件在控制电路中的位置，应根据便于阅读的原则安排。同一电气元件的各个部件可以不画在一起，例如接触器、继电器的线圈和触点可以不画在一起。

（4）在电气原理图中，元器件和设备的可动部分都按没有通电和没有外力作用时的开闭状态画。例如，继电器、接触器的触点，按吸引线圈不通电的状态画；主令控制器、万能转换开关按手柄处于零位时的状态画；按钮、行程开关的触点按不受外力作用时的状态画等等。

（5）电气原理图的绘制应布局合理、排列均匀，为了便于识图，可以水平布置，也可以垂直布置。

（6）电气元件应按功能布置，并尽可能地按工作顺序排列，其布局顺序应该是从上到下，从左到右。电路垂直布置时，类似项目宜横向对齐；水平布置时，类似项目应纵向对齐。例如，电气原理图中的线圈属于类似项目，由于线路采用垂直布置，所以接触器线圈应横向对齐。

（7）在电气原理图中，有直接联系的交叉导线连接点要用黑圆点表示，无直接联系的交叉导线连接点不画黑圆点。

2. 图幅的分区

为了便于确定图上的内容，也为了在用图时查找图中各项目的位置，往往需要将图幅分区。图幅分区的方法是：在图的边框处，竖边方向用大写英文字母，横边方向用阿拉伯数字，编号顺序应从左上角开始，总的分格数应是偶数，并应按照图的复杂程度选取分区个数，建议组成分区的长方形的任意边长都应不小于 25 mm、不大于 75 mm。图幅分区的式样如图 6-2 所示。

图幅分区以后，相当于在图上建立了一个坐标。项目和连接线的位置可用如下方式表示：

（1）用行的代号（英文字母）表示。

（2）用列的代号（阿拉伯数字）表示。

（3）用区的代号表示。区的代号为字母和数字的组合，且字母在左、数字在右。在具体使用时，对水平布置的电路，一般只需标明行的标记；对垂直布置的电路，一般只需标明列的标记；复杂的电路需用组合标记标明。例如图 6-1，图区下部只标明了列的标记；图区上部的"电源开关及保护"等字样，表明对应区域下方元件或电路的功能，使读者能清楚地知道某个元件或某部分电路的功能，以利于理解整个电路的工作原理。

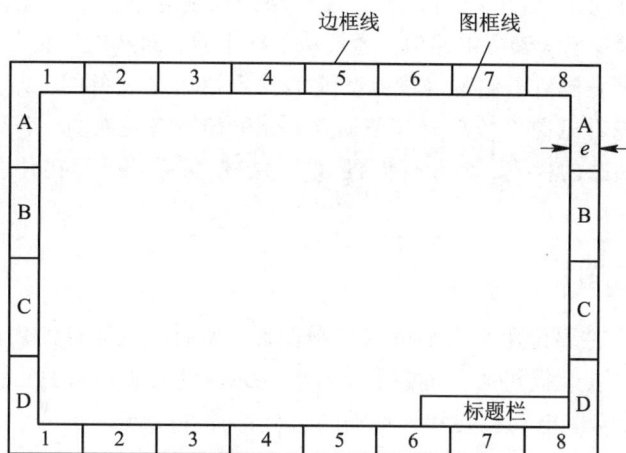

图 6 - 2　图幅分区示例

3. 符号位置的索引

符号位置采用图号、页次和图区编号的组合索引法，索引代号的组成如下：

图号　　　　页次　图区编号(行号、列号)

当某图号仅有一页图样时，只写图号和图区的行、列号；当只有一个图号时，图号可省略。而元件的相关触点只出现在一张图样上时，只标出图区号。

在电气原理图中，接触器和继电器线圈与触点的从属关系应用附图表示，即在电气原理图相应线圈的下方，给出触点的文字符号，并在其下面注明相应触点的索引代号，对未使用的触点用"×"表明，有时也可采用省去触点图形符号的表示法。

对于接触器，附图中各栏的含义如下：

	KM	
左栏	中栏	右栏
主触点所在图区号	辅助动合触点所在图区号	辅助动断触点所在图区号

对于继电器，附图中各栏的含义如下：

KA	KT
左栏	右栏
动合触点所在图区号	动断触点所在图区号

4. 电气原理图中技术数据的标注

电气元件的技术数据，除在电气元件明细表中标明外，也可用小号字体标注在电器代号下面。如图 6 - 1 中，FU_1 的额定电流标注为 25 A。

5. 识读电气原理图的一般方法

识读电气原理图的一般方法如下：

（1）查阅图纸说明。图纸说明包括图纸目录、技术说明、元器件明细表和施工说明书等。查阅图纸说明有助于了解大体情况和抓住识读的要点。

（2）分清电路性质。分清电气原理图的主电路和控制电路、交流电路和直流电路。

（3）注意识读顺序。识读主电路时，通常从下往上看，即从电气设备（电动机）开始，经控制元件依次到电源，搞清电源是经过哪些元器件到达用电设备的。识读控制电路时，通常从左往右看，即先看电源再依次看各条回路，分析各回路元件的工作情况以及与主电路的控制关系，弄清回路的构成、各元件间的联系、控制关系，以及在什么条件下回路接通或断开等。

四、电气元件布置图

电气元件布置图主要是用来表明电气控制设备中所有电气元件的实际位置，为生产电气控制设备的制造、安装提供必要的资料。各电气元件的安装位置是由控制设备的结构和工作要求决定的。例如，电动机要和被拖动的机械部件在一起，行程开关应放在需要取得动作信号的地方，操作元件要放在操纵箱等操作方便的地方，一般电气元件应放在控制柜内。

机床电气元件的布置图主要由机床电气设备布置图、控制柜及控制板电气设备布置图、操作台及悬挂操纵箱电气设备布置图等组成。图 6 - 3 所示为 CW6132 型车床的电气元件布置图。

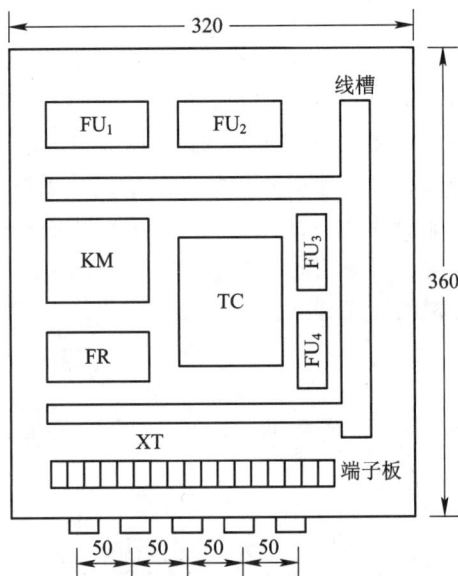

图 6 - 3　CW6132 型车床的电气元件布置图

五、电气安装接线图

电气安装接线图是为安装电气设备和对电气元件进行配线或检修电器故障服务的。为了对装置、设备或成套装置进行安装或布线，必须提供其中各个项目（包括元件、器件、组件、设备等）之间电气连接的详细信息，包括连接关系、线缆种类和敷设路线等。

安装接线图是检查电路和维修电路不可缺少的技术文件。根据表达对象和用途不同，接线图有单元接线图、互连接线图和端子接线图等。国家有关标准规定的安装接线图的编制规则主要包括以下内容：

（1）在安装接线图中，一个元件的所有带电部件均画在一起，并用点画线框起来。

（2）在安装接线图中，各电气元件的图形符号与文字符号均应以电气原理图为准，并应与国家标准保持一致。

（3）在安装接线图中，一般都应标出项目的相对位置、项目代号、端子间的电气连接关系、端子号、等线号、等线类型、截面积等。

（4）同一控制底板内的电气元件可直接连接，而底板内元器件与外部元器件连接时必须通过接线端子板进行。

（5）互连接线图中的互连关系可用连续线、中断线或线束表示，连接导线应注明导线根数、导线截面积等。互连接线图一般不表示导线实际走线途径，施工时由操作者根据实际情况选择最佳走线方式。图6-4所示为CW6132型车床的电气互连接线图。

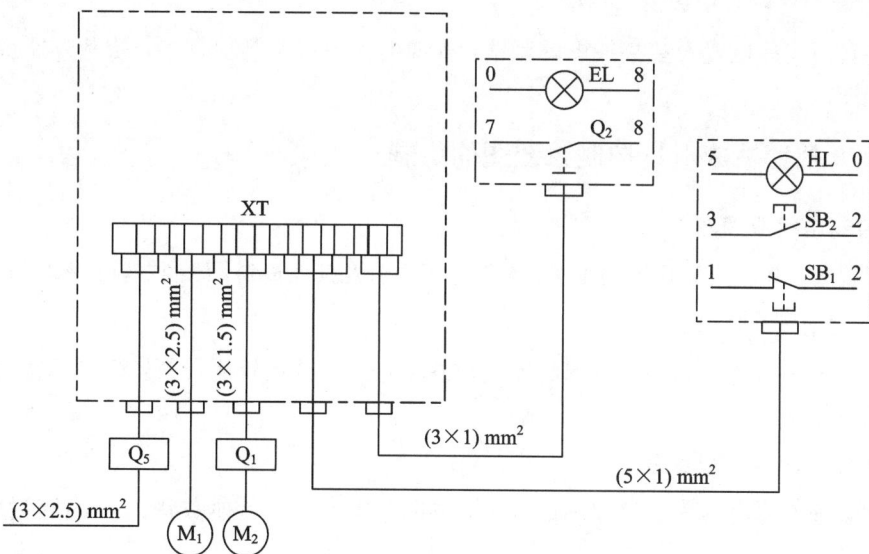

图6-4 CW6132型车床的电气互连接线图

任务准备

实施本任务所使用的教学实训设备及工具材料可参考表6-1。

表6-1 实训设备及工具材料

序号	名　称	型号规格	单位	数量	备注
1	图纸	A2	套	6	
2	绘图板		块	1	
3	铅笔	2B	支	2	

⚡ **任务实施**

一、X62W 万能铣床电气控制系统图的绘制

1. 绘制电气原理图

依照普通车床电气原理图的画法，查询电工手册及其他资料，绘制万能铣床电气原理图。

2. 绘制电气元件布置图

依照普通车床电气元件布置图的画法，查询电工手册及其他资料，绘制万能铣床电气元件布置图。

3. 绘制电气安装接线图

依照普通车床电气安装接线图的画法，查询电工手册及其他资料，绘制万能铣床电气安装接线图。

二、Z3050 摇臂钻床电气控制系统图的绘制

1. 绘制电气原理图

依照普通车床电气原理图的画法，查询电工手册及其他资料，绘制摇臂钻床电气原理图。

2. 绘制电气元件布置图

依照普通车床电气元件布置图的画法，查询电工手册及其他资料，绘制摇臂钻床电气元件布置图。

3. 绘制电气安装接线图

依照普通车床电气安装接线图的画法，查询电工手册及其他资料，绘制摇臂钻床电气安装接线图。

✍ **检查评议**

对任务的实施情况进行检查，并将结果填入表 6－2。

表 6－2　任务测评表

序号	主要内容	考核要求	评分标准	配分	扣分	得分
1	职业素养与操作规范	根据任务，绘制电气控制系统图，做到"6S"规范	1. 绘制出电气原理图得 15 分 2. 绘制出电气元件布置图得 15 分 3. 绘制出电气安装接线图得 15 分 4. 绘图后做到整理、整顿、清扫、清洁、素养、安全，得 5 分	50		

续表

序号	主要内容	考核要求	评分标准	配分	扣分	得分
2	作品	图形及技术要求符合国家标准，图纸外观整洁	1. 各元件电气符号符合国家标准得 15 分 2. 元件布局合理得 15 分 3. 接线合理得 15 分 4. 图面整洁得 5 分	50		
合计						
开始时间：			结束时间：			

项目思考题

1. 电气控制系统图一般有几种，分别是哪几种？
2. 电气元件在图中可采用什么方法来表示？
3. 电气原理图的绘制原则是什么？
4. 识读电气原理图的一般方法是什么？
5. 电气元件布置图的作用是什么？
6. 电气安装接线图的作用是什么？

项目 7　三相异步电动机启停控制电路

电动机作为生产机械的动力源，是机械设备的主要核心元件。对电动机的控制，广泛应用熔断器、交流接触器、时间继电器、热继电器等作为控制元件，通过各种接线方法，完成对电动机各种功能的控制。任何简单或复杂的电气控制回路均由一系列基本环节所组成。本项目所进行的启动与停止控制就是三相异步电动机最基本的控制环节。

任务 1　三相异步电动机启停控制电路的安装与检修

知识目标：

1. 正确理解三相异步电动机启停控制电路的工作原理。
2. 能正确识读三相异步电动机启停控制电路的原理图、接线图和布置图。

能力目标：

1. 会按照工艺要求正确安装三相异步电动机启停控制电路。
2. 能根据故障现象，检修三相异步电动机启停控制电路。

素质目标：

养成独立思考和动手操作的习惯，培养小组协调能力和互相学习的精神。

工作任务

三相异步电动机最基本的控制就是启动与停止的控制。本任务的主要内容是完成对三相异步电动机启动与停止控制电路的安装与检修。

相关知识

一、三相异步电动机启停控制原理

当电动机的三相定子绕组(各相差 120°电角度)通入三相交流电后，将产生一个旋转磁场，该旋转磁场切割转子绕组，在转子绕组中产生感应电流(转子绕组是闭合通路)，载流的转子导体在定子旋转磁场作用下产生电磁力，从而在电动机转轴上形成电磁转矩，驱动电动机旋转，并且电动机旋转方向与旋转磁场方向相同。

二、三相异步电动机启动停止控制电路分析

三相异步电动机启动停止控制的电路如图 7-1 所示。

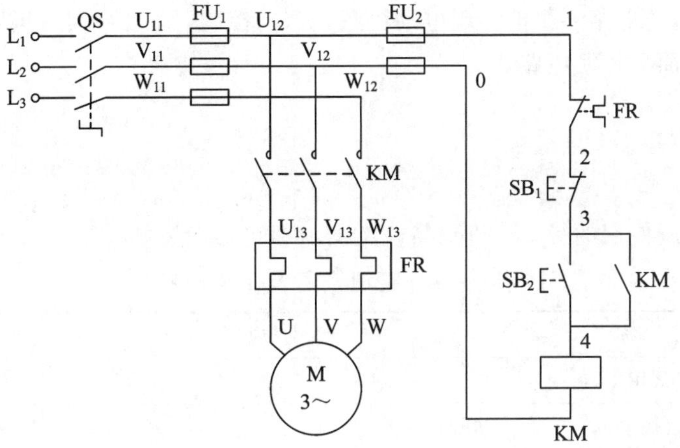

图 7-1　三相异步电动机启停控制电路

三相异步电动机启动停止电路的工作原理如下：

1. 启动控制

启动时，合上刀开关 QS，引入三相电源。按下启动按钮 SB_2，KM 的吸引线圈通电动作，KM 的衔铁吸合。其中，KM 的主触点闭合使电动机接通电源，启动运转；与 SB_2 并联的 KM 动合辅助触点闭合，使接触器的吸引线圈经两条线路供电，一条线路经 SB_1 和 SB_2，另一条线路经 SB_1 和接触器 KM 已经闭合的动合辅助触点。这样，当手松开启动按钮 SB_2 后，SB_2 自动复位，接触器 KM 的吸引线圈仍可通过其动合辅助触点继续供电，从而保证电动机的连续运行。这种依靠接触器自身辅助触点使其线圈保持通电的现象，称为自锁或自保持，这个起自锁作用的辅助触点，称为自锁触点。

2. 停止控制

停车时，按下停止按钮 SB_1，这时接触器 KM 的吸引线圈断电，主触点断开，自锁解除，和自锁触点均恢复到断开状态，电动机脱离电源停止运转。当手松开停止按钮 SB_1 后，SB_1 在复位弹簧的作用下恢复闭合状态，但此时控制电路已经断开，只有再次按下启动按钮 SB_2，电动机才能重新启动运转。

3. 电路保护

（1）短路保护：由熔断器 FU_1、FU_2 分别实现主电路与控制电路的短路保护。

（2）过载保护：由热继电器 FR 实现电动机的长期过载保护。当电动机出现长期过载时，热继电器动作，串接在控制电路中的动断触点断开，切断 KM 吸引线圈的电源，使电动机断开电源，实现过载保护。

（3）欠压和失压保护：由接触器本身的电磁机构来实现。当电源电压严重过低或失压时，接触器的衔铁自行释放，电动机失电而停机。当电源电压恢复正常时，接触器线圈不能自动得电，只有再次按下启动按钮 SB_2 后电动机才会启动，这样可以防止断电后突然来电造成人身及设备的损害，具有安全保护作用，此种保护又叫零压保护。

设置欠压、零压（失压）保护的控制电路具有三方面的优点：第一，防止电源电压严重下降时电动机欠压运行；第二，防止电源电压恢复时电动机自行启动造成设备和人身事故；第三，避免多台电动机同时启动造成电网电压的严重下降。

图 7-1 所示的电路不仅能实现电动机频繁启动控制，而且可实现远距离的自动控制，是一种最常用的简单控制电路。

任务准备

实施本任务所使用的教学实训设备及工具材料可参考表 7-1。

表 7-1 实训设备及工具材料

序号	名　称	型　号　规　格	单位	数量	备注
1	电工常用工具		套	1	
2	万用表	MF47 型	块	1	
3	三相四线电源	AC3×380/220 V, 20 A	处	1	
4	三相鼠笼式异步电动机	△/Y 接法	台	1	
5	配线板	500 mm×600 mm×20 mm	块	1	
6	组合开关	HZ10—25/3	只	1	
7	接触器	CJ10—20，线圈电压 380 V，20 A	个	1	
8	熔断器 FU$_1$	RL1—60/25，380 V，60 A，熔体配 25 A	套	3	
9	熔断器 FU$_2$	RL1—15/2，380 V，15 A，熔体配 2 A	套	2	
10	热继电器	JR16—20/3，三极，20 A	只	1	
11	按钮	LA10—3H	只	1	
12	接线端子排	TB1512	条	1	
13	木螺钉	$\phi 3×20$ mm；$\phi 3×15$ mm	个	30	
14	平垫圈	$\phi 4$ mm	个	30	
15	记号笔	自定	支	1	
16	主电路导线	BVR—1.5，1.5 mm²（7×0.52 mm）（黑色）	m	若干	
17	控制电路导线	BVR—1.0，1.0 mm²（7×0.43 mm）	m	若干	
18	按钮线	BVR—0.75，0.75 mm²	m	若干	
19	接地线	BVR—1.5，1.5 mm²（黄绿双色）	m	若干	
20	行线槽	18 mm×25 mm	m	若干	
21	编码套管	自定	m	若干	

任务实施

一、三相异步电动机启动停止控制电路的安装

1. 绘制电气元件布置图和接线图

三相电机启停控制电路的电气元件布置图和接线图请读者根据实物摆放情况自行绘

制，在此不再赘述。

2. 元器件规格、质量检查

（1）检查各元器件、耗材与表 7-1 中的型号规格是否一致。

（2）检查各元器件的外观是否完整无损，附件、备件是否齐全。

（3）用仪表检查各元器件和电动机的有关技术数据是否符合要求。

3. 根据元件布置图安装和固定低压电器元件

元器件检查完毕后，按照所绘制的电气元件布置图安装和固定电器元件。在控制板上安装电器元件，并贴上醒目的文字符号。相关工艺要求如下：

（1）组合开关、熔断器的受电端子应安装在控制板的外侧，并使熔断器的受电端为底座的中心端。

（2）各元件的安装位置应整齐、均匀，间距合理，便于更换。

（3）紧固各元件时要用力均匀，紧固程度适当。在紧固熔断器、接触器等易碎裂元件时，应用手按住元件，一边轻轻摇动，一边用旋具轮换旋紧对角线上的螺钉，直到手摇不动后再适当旋紧即可。

4. 根据电气原理图和安装接线图进行行线槽配线

元件安装完毕后，按照图 7-1 所示的原理图和自行绘制的安装接线图进行板前行线槽配线。板前行线槽配线的具体工艺要求如下：

（1）所有导线的截面积在等于或大于 0.5 mm² 时，必须采用软线。考虑机械强度的原因，所用导线的最小截面积，在控制箱外为 1 mm²，在控制箱内为 0.75 mm²。但对控制箱内很小电流的电路连线，如电子逻辑电路，可用 0.2 mm² 的导线，并且可以采用硬线，但只能用于不移动且无振动的场合。

（2）布线时，严禁损伤线芯和导线绝缘。

（3）各电器元件接线端子引出导线的走向，以元件的水平中心线为界线，在水平中心线以上接线端子引出的导线，必须进入元件上面的行线槽；在水平中心线以下接线端子引出的导线，必须进入元件下面的行线槽。任何导线都不允许从水平方向进入行线槽内。

（4）各电器元件接线端子上引出或引入的导线，除间距很小和元件机械强度很差允许直接架空敷设外，其他导线必须经过行线槽进行连接。

（5）进入行线槽内的导线要完全置于行线槽内，并应尽可能避免交叉，装线不要超过其容量的 70%，以保证能盖上线槽盖且便于以后的装配及维修。

（6）各电器元件与行线槽之间的外露导线，应走线合理，并尽可能做到横平竖直，变换走向要垂直。同一个元件上位置一致的端子和同型号电器元件中位置一致的端子上引出或引入的导线，要敷设在同一个平面上，并应做到高低一致或前后一致，不得交叉。

（7）所有接线端子、导线线头上都应套有与电路图上相应接点线号一致的编码套管，并按线号进行连接，连接必须牢靠，不得松动。

（8）在任何情况下，接线端子必须与导线截面积和材料性质相适应。当接线端子不适合连接软线或较小截面积的软线时，可以在导线端头穿上针形或叉形轧头并压紧。

（9）一般一个接线端子只能连接一根导线，如果采用专门设计的端子，可以连接两根或多根导线，但导线的连接方式必须是公认的、在工艺上成熟的各种方式，如夹紧、压接、焊接、绕接等，并应严格按照连接工艺的工序要求进行。

5. 电动机的连接

按照电动机铭牌上的接线方法，正确连接接线端子，最后连接电动机的保护接地线。

6. 自检

电路安装完毕后，在通电试车前必须经过自检。自检方法如下：

(1) 不通电，用万用表欧姆 $R \times 10$ 或 $R \times 100$ 挡测量控制回路(1, 0)间的电阻，正常应为无穷大。若电阻为零或有一定阻值，则有接线错误导致的短路或形成错误通路。

(2) 按下启动按钮 SB_2，万用表指针应有摆动(约几百欧姆)，这说明 KM 线圈启动回路基本正常。

(3) 压下接触器衔铁，测量主回路(U_{11}、V_{11}、W_{11})间有无短路情况(电阻为零则有短路)。经指导教师确认无误后，方可通电试车。

7. 通电试车

学生通过自检和教师确认无误后，在教师的监护下进行通电试车。由老师接通三相电源 L_1、L_2、L_3，学生合上电源开关 QS，按下启动按钮 SB_2，观察接触器 KM 是否吸合，松开 SB_2 接触器 KM 是否自锁，电动机运行是否正常等；按下停止按钮 SB_1，观察接触器 KM 是否释放，电动机是否停转。

二、三相异步电动机启停控制电路常见故障的分析及检修

1. 主电路的故障检修

故障现象 1：KM 能吸合，但电动机不转。

故障分析：KM 能吸合，说明控制回路工作正常，故障在主回路三相电源没有加至电动机绕组。可用万用表电压挡依次测量关键节点(U_{11}、V_{11}、W_{11}，U_{12}、V_{12}、W_{12}，U_{13}、V_{13}、W_{13}，U、V、W)两两之间的电压，正常应有 380 V。若在哪一次测量中电压不正常，则故障点在本次测量点与上次测量点之间(有开路)。

故障现象 2：KM 能吸合，但电动机启动困难，运转很慢，并伴有"嗡嗡"的噪音。

故障分析：这是典型的电动机缺相现象，故障在主回路三相电源有一相没有加至电动机绕组。测量方法同故障 1。

2. 控制电路的故障检修

故障现象 1：按下启动按钮 SB_2 后，KM 不能吸合。

故障分析：KM 不吸合，是控制电源没有加至 KM 线圈两端。故障原因可能有两点：

(1) 控制回路节点 $1 \to 2 \to 3 \to 4$(需按下按钮 SB_2)，或 $FU_2(0) \to KM(0)$ 的支路中有开路。测量方法可用电阻法。

(2) $FU_2(1) \to FU_2(0)$ 之间无 380 V 电压。测量方法可用电压法。

故障现象 2：按下启动按钮 SB_2 后，KM 能吸合，但松开 SB_2 后，KM 也断电松开。

故障分析：KM 能吸合，说明 KM 线圈启动支路正常，是自锁支路有问题。可用电阻法测量 $SB_2(3) \to KM(3)$ 和 $SB_2(4) \to KM(4)$ 之间是否有开路，以及 KM(3, 4)间能否正常闭合。

检查评议

对任务的实施情况进行检查，并将结果填入表 7 - 2。

表 7 - 2　任务测评表

序号	主要内容	考核要求	评分标准	配分	扣分	得分
1	电路安装检修	根据任务，按照电动机启停控制电路的安装步骤和工艺要求，进行电路的安装与检修	1. 按图接线，不按图接线扣 10 分 2. 元件安装正确、整齐、牢固，否则一个扣 2 分 3. 行线槽整齐美观，横平竖直、高低平齐，转角 90°，否则每处扣 2 分 4. 线头长短合适，线耳方向正确，无松动，否则每处扣 1 分 5. 配线齐全，否则一根扣 5 分 6. 编码套管安装正确，否则每处扣 1 分 7. 通电试车功能齐全，否则扣 40 分	60		
2	电路故障检修	人为设置隐蔽故障 3 个，根据故障现象，正确分析故障原因及故障范围，采用正确的检修方法，排除全部电路故障	1. 不能根据故障现象划出故障最小范围扣 10 分 2. 检修方法错误扣 5～10 分 3. 故障排除后，未能在电路图中用"×"标出故障点，扣 10 分 4. 只能排除 1 个故障扣 20 分，3 个故障都未能排除扣 30 分	30		
3	安全文明生产	劳动保护用品穿戴整齐；电工工具佩带齐全；遵守操作规程；尊重老师，讲文明礼貌；考试结束要清理现场	1. 操作中，违反安全文明生产考核要求的任何一项扣 2 分，扣完为止 2. 发现学生有重大事故隐患时，要立即予以制止，并每次扣安全文明生产总分 5 分	10		
合计						
开始时间：			结束时间：			

任务 2　三相异步电动机连续与点动混合控制电路的安装与检修

知识目标：

1. 正确理解三相异步电动机连续与点动混合控制电路的工作原理。
2. 能正确识读三相异步电动机连续与点动混合控制电路的原理图、接线图和布置图。

能力目标：

1. 会按照工艺要求正确安装三相异步电动机连续与点动混合控制电路。
2. 能根据故障现象，检修三相异步电动机连续与点动混合控制电路。

素质目标：

养成独立思考和动手操作的习惯，培养小组协调能力和互相学习的精神。

工作任务

本任务的主要内容是完成对三相异步电动机连续与点动控制电路的安装与检修。

相关知识

一、三相异步电动机连续与点动混合控制的原理

机床设备正常工作时，一般需要电动机处在连续运转状态，但在试车和调整刀具与工件的相对位置时，又需要对电动机点动控制。点动控制的原理就是在自锁回路上串入常闭触点，实现断开自锁，完成点动功能；接通自锁，完成连续功能。

二、三相异步电动机连续与点动混合控制电路分析

三相异步电动机连续与点动混合控制电路图如图 7-2 所示。

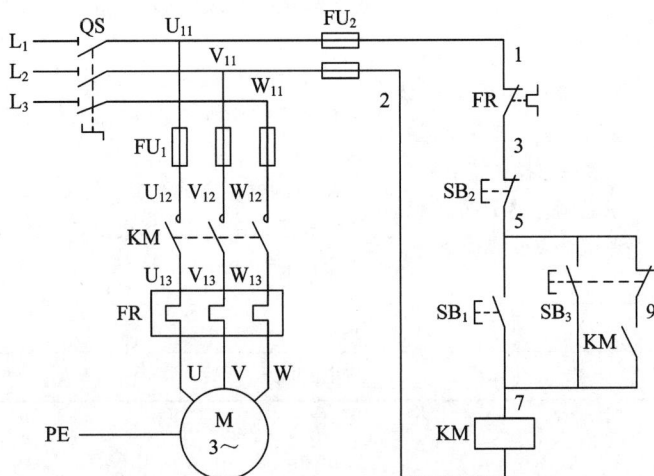

图 7-2　三相异步电动机连续与点动混合控制电路图

三相异步电动机连续与点动控制电路的工作原理如下：

1）连续控制

2）点动控制

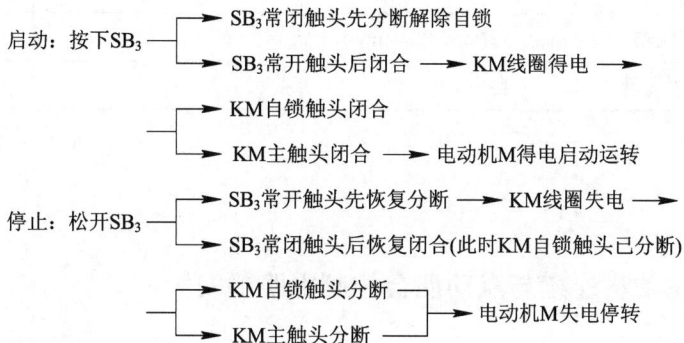

✎**任务准备**

实施本任务所使用的教学实训设备及工具材料可参考表 7-3。

表 7-3　实训设备及工具材料

序号	名　　称	型 号 规 格	单位	数量	备注
1	电工常用工具		套	1	
2	万用表	MF47 型	块	1	
3	三相四线电源	AC3×380/220 V，20 A	处	1	
4	三相鼠笼式异步电动机	△/Y 接法	台	1	
5	配线板	500 mm×600 mm×20 mm	块	1	
6	组合开关	HZ10—25/3	只	1	
7	接触器	CJ10—20，线圈电压 380 V，20 A	个	1	
8	熔断器 FU$_1$	RL1—60/25，380 V，60 A，熔体配 25 A	套	3	
9	熔断器 FU$_2$	RL1—15/2，380 V，15 A，熔体配 2 A	套	2	
10	热继电器	JR16—20/3，三极，20 A	只	1	
11	按钮	LA10—3H	只	1	
12	接线端子排	TB1512	条	1	
13	木螺钉	$\phi3×20$ mm；$\phi3×15$ mm	个	30	
14	平垫圈	$\phi4$ mm	个	30	

序号	名　称	型　号　规　格	单位	数量	备注
15	记号笔	自定	支	1	
16	主电路导线	BVR—1.5，1.5 mm²（7×0.52 mm）（黑色）	m	若干	
17	控制电路导线	BVR—1.0，1.0 mm²（7×0.43 mm）	m	若干	
18	按钮线	BVR—0.75，0.75 mm²	m	若干	
19	接地线	BVR—1.5，1.5 mm²（黄绿双色）	m	若干	
20	行线槽	18 mm×25 mm	m	若干	
21	编码套管	自定	m	若干	

❈ 任务实施

一、三相异步电动机连续与点动混合控制电路的安装

1. 绘制元件布置图和接线图

三相异步电动机连续与点动混合控制电路的元件布置图和接线图请读者根据实物摆放情况自行绘制，在此不再赘述。

2. 元器件规格、质量检查

（1）检查各元器件、耗材与表 7-3 中的型号规格是否一致。

（2）检查各元器件的外观是否完整无损，附件、备件是否齐全。

（3）用仪表检查各元器件和电动机的有关技术数据是否符合要求。

3. 根据元件布置图安装和固定低压电器元件

元器件检查完毕后，按照所绘制的元件布置图安装和固定电器元件。在控制板上安装电器元件，并贴上醒目的文字符号。相关工艺要求如下：

（1）组合开关、熔断器的受电端子应安装在控制板的外侧，并使熔断器的受电端为底座的中心端。

（2）各元件的安装位置应整齐、均匀，间距合理，便于更换。

（3）紧固各元件时要用力均匀，紧固程度适当。在紧固熔断器、接触器等易碎裂元件时，应用手按住元件，一边轻轻摇动，一边用旋具轮换旋紧对角线上的螺钉，直到手摇不动后再适当旋紧即可。

4. 根据电气原理图和安装接线图进行行线槽配线

元件安装完毕后，按照图 7-2 所示的原理图和自行绘制安装接线图进行板前行线槽配线。板前行线槽配线的具体工艺要求如下：

（1）所有导线的截面积在等于或大于 0.5 mm² 时，必须采用软线。考虑机械强度的原因，所用导线的最小截面积，在控制箱外为 1 mm²，在控制箱内为 0.75 mm²。但对控制箱内很小电流的电路连线，如电子逻辑电路，可用 0.2 mm² 的导线，并且可以采用硬线，但

只能用于不移动且无振动的场合。

（2）布线时，严禁损伤线芯和导线绝缘。

（3）各电器元件接线端子引出导线的走向，以元件的水平中心线为界线，在水平中心线以上接线端子引出的导线，必须进入元件上面的行线槽；在水平中心线以下接线端子引出的导线，必须进入元件下面的行线槽。任何导线都不允许从水平方向进入行线槽内。

（4）各电器元件接线端子上引出或引入的导线，除间距很小和元件机械强度很差允许直接架空敷设外，其他导线必须经过行线槽进行连接。

（5）进入行线槽内的导线要完全置于行线槽内，并应尽可能避免交叉，装线不要超过其容量的 70%，以保证能盖上线槽盖且便于以后的装配及维修。

（6）各电器元件与行线槽之间的外露导线，应走线合理，并尽可能做到横平竖直，变换走向要垂直。同一个元件上位置一致的端子和同型号电器元件中位置一致的端子上引出或引入的导线，要敷设在同一个平面上，并应做到高低一致或前后一致，不得交叉。

（7）所有接线端子、导线线头上都应套有与电路图上相应接点线号一致的编码套管，并按线号进行连接，连接必须牢靠，不得松动。

（8）在任何情况下，接线端子必须与导线截面积和材料性质相适应。当接线端子不适合连接软线或较小截面积的软线时，可以在导线端头穿上针形或叉形轧头并压紧。

（9）一般一个接线端子只能连接一根导线，如果采用专门设计的端子，可以连接两根或多根导线，但导线的连接方式必须是公认的、在工艺上成熟的各种方式，如夹紧、压接、焊接、绕接等，并应严格按照连接工艺的工序要求进行。

5. 电动机的连接

按照电动机铭牌上的接线方法，正确连接接线端子，最后连接电动机的保护接地线。

6. 自检

电路安装完毕后，在通电试车前必须经过自检。自检方法如下：

（1）不通电，用万用表欧姆 R×10 或 R×100 挡测量控制回路(1，0)间的电阻，正常应为无穷大。若电阻为零或有一定阻值，则有接线错误导致的短路或形成错误通路。

（2）按下启动按钮 SB_1，万用表指针应有摆动(约几百欧姆)，这说明 KM 线圈启动回路基本正常。

（3）压下接触器衔铁，测量主回路(U_{11}、V_{11}、W_{11})间有无短路情况(电阻为零则有短路)。经指导教师确认无误后，方可通电试车。

7. 通电试车

学生通过自检和教师确认无误后，在教师的监护下进行通电试车。由老师接通三相电源 L_1、L_2、L_3，学生合上电源开关 QS，按下 SB_1，观察接触器 KM 是否吸合，松开 SB_1 接触器 KM 是否自锁，电动机运行是否正常等；按下 SB_2，观察接触器 KM 是否释放，电动机是否停转；按下 SB_3，观察接触器 KM 是否吸合，松开 SB_3 接触器 KM 是否释放。

二、三相异步电动机连续与点动混合控制电路常见故障的分析及检修

1. 主电路的故障检修

故障现象 1：KM 能吸合，但电动机不转。

故障分析：KM 能吸合，说明控制回路工作正常，故障在主回路三相电源没有加至电动机绕组。可用万用表电压挡依次测量关键节点（U_{11}、V_{11}、W_{11}，U_{12}、V_{12}、W_{12}，U_{13}、V_{13}、W_{13}，U、V、W）两两之间的电压，正常应有 380 V。若在哪一次测量中电压不正常，则故障点在本次测量点与上次测量点之间（有开路）。

故障现象 2：KM 能吸合，但电动机启动困难，运转很慢，并伴有"嗡嗡"噪音。

故障分析：这是典型的电动机缺相现象，故障在主回路三相电源有一相没有加至电动机绕组。测量方法同故障 1。

2. 控制电路的故障检修

故障现象 1：按下启动按钮 SB_1 后，KM 不能吸合。

故障分析：KM 不吸合，是控制电源没有加至 KM 线圈两端。故障原因可能有两点：

（1）控制回路节点 1→3→5→7（需按下按钮 SB_1），或 $FU_2(1)$→KM(2)的支路中有开路。测量方法可用电阻法。

（2）$FU_2(1)$→$FU_2(2)$之间无 380 V 电压。测量方法可用电压法。

故障现象 2：按下启动按钮 SB_1 后，KM 能吸合，但松开 SB_1 后，KM 也断电松开。

故障分析：KM 能吸合，说明 KM 线圈启动支路正常，是自锁支路有问题。可用电阻法测量 $SB_1(5)$→KM(9)和 $SB_1(7)$→KM(7)之间是否有开路以及 KM(9,7)间能否正常闭合。

检查评议

对任务的实施情况进行检查，并将结果填入表 7-4。

表 7-4　任务测评表

序号	主要内容	考核要求	评分标准	配分	扣分	得分
1	电路安装检修	根据任务，按照电动机连续与点动混合控制电路的安装步骤和工艺要求，进行电路的安装与检修	1. 按图接线，不按图接线扣10 分 2. 元件安装正确、整齐、牢固，否则一个扣 2 分 3. 行线槽整齐美观，横平竖直、高低平齐，转角 90°，否则每处扣2 分 4. 线头长短合适，线耳方向正确，无松动，否则每处扣 1 分 5. 配线齐全，否则一根扣 5 分 6. 编码套管安装正确，否则每处扣 1 分 7. 通电试车功能齐全，否则扣40 分	60		

续表

序号	主要内容	考核要求	评分标准	配分	扣分	得分
2	电路故障检修	人为设置隐蔽故障 3 个，根据故障现象，正确分析故障原因及故障范围，采用正确的检修方法，排除全部电路故障	1. 不能根据故障现象划出故障最小范围扣 10 分 2. 检修方法错误扣 5～10 分 3. 故障排除后，未能在电路图中用"×"标出故障点，扣 10 分 4. 只能排除 1 个故障扣 20 分，3 个故障都未能排除扣 30 分	30		
3	安全文明生产	劳动保护用品穿戴整齐；电工工具佩带齐全；遵守操作规程；尊重老师，讲文明礼貌；考试结束要清理现场	1. 操作中，违反安全文明生产考核要求的任何一项扣 2 分，扣完为止 2. 发现学生有重大事故隐患时，要立即予以制止，并每次扣安全文明生产总分 5 分	10		
		合计				
开始时间：			结束时间：			

项目思考题

1. 接触器靠什么动作？热继电器又靠什么动作？

2. 自锁的作用是什么？

3. 启动按钮和停止按钮，哪一个是常开，哪一个是常闭？

4. 若 SB_1 和 SB_2 都接成常闭（或常开），会有什么现象？

5. 点动控制电路与自锁控制电路在结构上的主要区别是什么？

6. 当按下停止按钮 SB_1，电动机失电停转后，松开 SB_1 后触头恢复闭合，电动机会不会自动重新启动？为什么？

7. 在接触器自锁控制电路中，当电源电压降低到某一个值时，电动机会自动停转，其原理是什么？

项目 8　三相异步电动机双重联锁正反转控制电路

接触器联锁正反转电路从正转变为反转时，必须先按下停止按钮，才能按反转启动按钮，否则会因接触器的联锁作用而不能实现反转。接触器联锁正反转电路，工作安全可靠，但操作不便；按钮联锁正反转控制电路，操作方便，但不安全。那么如何解决这个问题呢？今天我们就来学一学接触器、按钮双重联锁正反转控制电路。本项目所介绍的双重联锁正反转控制电路是三相异步电动机最基本的控制电路之一。

任务　三相异步电动机双重联锁正反转控制电路的安装与检修

知识目标：

1. 正确理解三相异步电动机双重联锁正反转控制电路的工作原理。
2. 能正确识读三相异步电动机双重联锁正反转控制电路的原理图、接线图和布置图。

能力目标：

1. 会按照工艺要求正确安装三相异步电动机双重联锁正反转控制电路。
2. 能根据故障现象，检修三相异步电动机双重联锁正反转控制电路。

素质目标：

养成独立思考和动手操作的习惯，培养小组协调能力和互相学习的精神。

工作任务

你见过升降机吗？如工地上的起重设备，医院、高层住宅的电梯等。升降机的上升和下降是如何实现的？一般是通过电动机的正反转来实现的，我们可以规定电动机正转时为升降机的上升，反转时为升降机的下降。本任务的主要内容是完成对三相异步电动机双重联锁正反转控制电路的安装与检修。

相关知识

一、电动机反转的实现

电动机反转的条件：改变通入电动机定子绕组三相电源的相序。

换相的方法：改变电源任意两相的接线。

三相异步电动机的反转接线如图 8-1 所示。

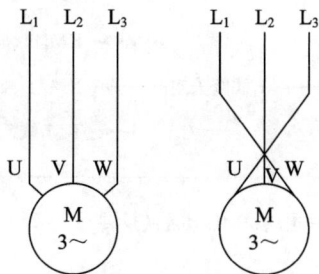

图 8-1　三相异步电动机的反转接线图

二、三相异步电动机正反转双重联锁控制电路分析

三相异步电动机正反转双重联锁控制电路如图 8-2 所示。

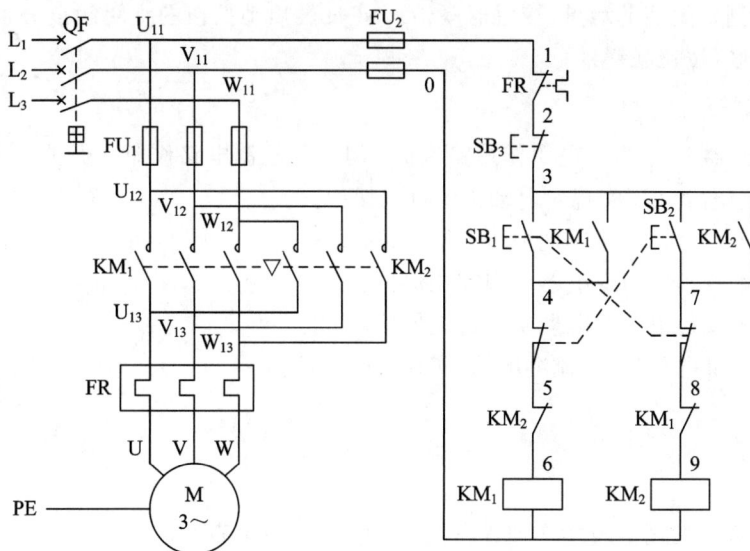

图 8-2　三相异步电动机正反转双重联锁控制电路图

三相异步电动机双重联锁正反转控制电路的工作原理如下：

1. 正转控制

合上电源开关 QF。

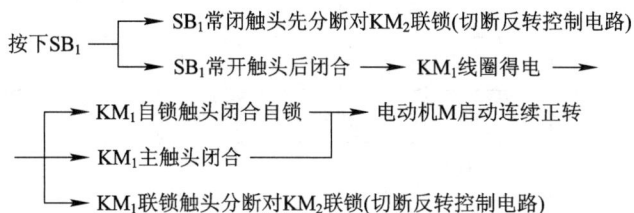

2. 反转控制

```
                                              ┌─→ KM₁自锁触头分断解除自锁 ─→ 电动机M失电
              ┌─→ SB₂常闭触头先分断 ─→ KM₁线圈失电 ─┼─→ KM₁主触头分断 ──────────┘
按下SB₂ ──────┤                                 └─→ KM₁联锁触头恢复闭合 ─→ KM₂线圈得电
              └─→ SB₂常开触头后闭合 ──────────────────────────────────────┘

┌─→ KM₂自锁触头闭合自锁 ─→ 电动机M启动连续反转
├─→ KM₂主触头闭合 ───────┘
└─→ KM₂联锁触头分断对KM₁联锁(切断正转控制电路)
```

3. 停止控制

若要让电动机停转，按下 SB_3，整个控制电路失电，主触头分断，电动机 M 失电停转。

实现接触器按钮双重联锁正反转控制可以在正转接触器和反转接触器线圈支路中相互串联对方的一副常闭辅助触点(接触器联锁)，正反转启动按钮的常闭触点分别与对方的常开触点相互串联(按钮联锁)。

4. 电机保护

(1)用熔断器 FU_1 为主电路作短路保护，FU_2 为控制电路作短路保护。

(2)用热继电器 FR 实现对电动机的过载保护。

(3)用接触器自锁电路实现失压、欠压保护。

(4)用接触器和中间继电器实现零压保护。

(5)用电磁式过电流继电器实现过流保护。

(6)用弱磁继电器(欠电流继电器)实现弱磁保护。

任务准备

实施本任务所使用的教学实训设备及工具材料可参考表 8-1。

表 8-1　实训设备及工具材料

序号	名　称	型 号 规 格	单位	数量	备注
1	电工常用工具		套	1	
2	万用表	MF47 型	块	1	
3	三相四线电源	AC3×380/220 V，20 A	处	1	
4	三相鼠笼式异步电动机	△/Y 接法	台	1	
5	配线板	500 mm×600 mm×20 mm	块	1	
6	组合开关	HZ10—25/3	只	1	
7	接触器	CJ10—20，线圈电压 380 V，20 A	个	2	
8	熔断器 FU_1	RL1—60/25，380 V，60 A，熔体配 25 A	套	3	

续表

序号	名　称	型　号　规　格	单位	数量	备注
9	熔断器 FU$_2$	RL1—15/2，380 V，15 A，熔体配 2 A	套	2	
10	热继电器	JR16—20/3，三极，20 A	只	1	
11	按钮	LA10—3H	只	1	
12	接线端子排	TB1512	条	1	
13	木螺钉	$\phi3\times20$ mm；$\phi3\times15$ mm	个	30	
14	平垫圈	$\phi4$ mm	个	30	
15	记号笔	自定	支	1	
16	主电路导线	BVR—1.5，1.5 mm^2（7×0.52 mm）（黑色）	m	若干	
17	控制电路导线	BVR—1.0，1.0 mm^2（7×0.43 mm）	m	若干	
18	按钮线	BVR—0.75，0.75 mm^2	m	若干	
19	接地线	BVR—1.5，1.5 mm^2（黄绿双色）	m	若干	
20	行线槽	18 mm×25 mm	m	若干	
21	编码套管	自定	m	若干	

❖ 任务实施

一、三相异步电动机双重联锁正反转控制电路的安装

1. 绘制元件布置图和接线图

（1）三相异步电动机双重联锁正反转控制电路的电气元件布置如图 8-3 所示。

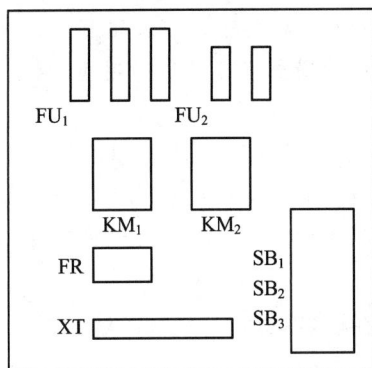

图 8-3 三相异步电动机正反转双重联锁控制电路电气元件布置图

（2）三相异步电动机双重联锁正反转控制电路的安装接线如图 8-4 所示。

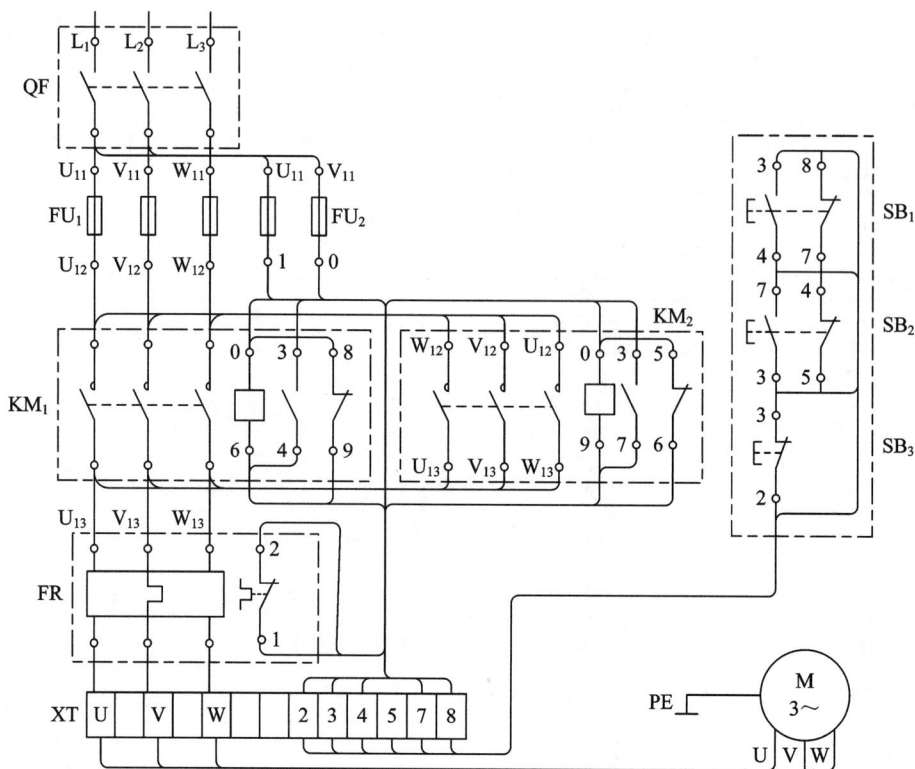

图 8-4　三相异步电动机正反转双重联锁控制电路安装接线图

2. 元器件规格、质量检查

（1）检查各元器件、耗材与表 8-1 中的型号规格是否一致。

（2）检查各元器件的外观是否完整无损，附件、备件是否齐全。

（3）用仪表检查各元器件和电动机的有关技术数据是否符合要求。

3. 根据元件布置图安装和固定低压电器元件

元器件检查完毕后，按照所绘制的元件布置图安装和固定电器元件。在控制板上安装电器元件，并贴上醒目的文字符号。相关工艺要求如下：

（1）组合开关、熔断器的受电端子应安装在控制板的外侧，并使熔断器的受电端为底座的中心端。

（2）各元件的安装位置应整齐、均匀，间距合理，便于更换。

（3）紧固各元件时要用力均匀，紧固程度适当。在紧固熔断器、接触器等易碎裂元件时，应用手按住元件，一边轻轻摇动，一边用旋具轮换旋紧对角线上的螺钉，直到手摇不动后再适当旋紧即可。

4. 根据电气原理图和安装接线图进行行线槽配线

按接触器联锁电路的要求先接好主电路。辅助电路接线时，可先做各接触器的自锁线，然后做按钮联锁线，最后做辅助触头联锁线。由于辅助电路线号多，应做电路核查，可以采用每做一条线，就在接线图上标一个记号的办法，这样可以避免漏接、错接和重复接线。按钮内接线如图 8-5 所示，控制电路接线如图 8-6 所示。

图 8-5 按钮内接线

图 8-6 控制电路接线

5. 电动机的连接

按照电动机铭牌上的接线方法,正确连接接线端子,最后连接电动机的保护接地线。

6. 自检

电路安装完毕后,在通电试车前必须经过自检。自检方法如下:

(1)按电路图或接线图逐段检查,从电源端开始,逐段核对检查接线和接点。

(2)用万用表检查电路的通断情况。

万用表选用倍率适当的电阻挡,并进行校零。

① 检查主电路。断开 FU_2,切除辅助电路;检查各相通路;检查电源换相通路。

② 检查辅助电路。拆下电动机接线,接通 FU_2,将万用表笔接于 QF 下端 U_{11}、V_{11} 端子;检查正反转启动及停车控制;检查自锁电路;检查联锁电路;检查 FR 的过载保护作用,然后使 FR 触点复位。

③ 检查安装质量，并进行绝缘电阻测量。

经指导教师确认无误后，方可通电试车。

7. 通电试车

（1）为保证人身安全，在通电试车时，要认真执行安全操作规程的有关规定，一人监护，一人操作。试车前，应检查与通电试车有关的电气设备是否有不安全因素存在，若查出，应立即整改，然后方能试车。

（2）通电试车前，必须征得教师的同意，并由指导教师接通三相电源 L_1、L_2、L_3，同时在现场监护。学生合上电源开关 QF 后，用测电笔检查熔断器出线端，氖管亮说明电源接通。上述检查一切正常后，做好准备工作，在指导老师的监护下试车。

（3）出现故障后，若需带电检查，必须在教师现场监护的情况下进行。检修完毕后，如需再次试车，也应该在教师现场监护下进行，并做好时间记录。

（4）试车成功后，记录下完成时间及通电试车次数。

（5）通电试车完毕，停转，切断电源。先拆除三相电源线，再拆除电动机线。

二、三相异步电动机双重联锁正反转控制电路常见故障的分析及检修

1. 主电路的故障检修

故障现象 1：KM_1 能吸合，但电动机不转。

故障分析：KM_1 能吸合，说明控制回路工作正常，故障在主回路三相电源没有加至电动机绕组。可用万用表电压挡依次测量关键节点（U_{11}、V_{11}、W_{11}，U_{12}、V_{12}、W_{12}，U_{13}、V_{13}、W_{13}，U、V、W）两两之间的电压，正常应有 380 V。若在哪一次测量中电压不正常，则故障点在本次测量点与上次测量点之间（有开路）。

故障现象 2：KM_2 能吸合，但电动机启动困难，运转很慢，并伴有"嗡嗡"噪音。

故障分析：这是典型的电动机缺相现象，故障在主回路三相电源有一相没有加至电动机绕组。测量方法同故障 1。

2. 控制电路的故障检修

故障现象 1：按下启动按钮 SB_2 后，KM_1 不能吸合。

故障分析：KM_1 不吸合，是控制电源没有加至 KM_1 线圈两端。故障原因可能有两点：

（1）控制回路节点 1→2→3→4→5→6→0（需按下按钮 SB_2），或 $FU_2(1)$→$KM_1(0)$ 的支路中有开路。测量方法可用电阻法。

（2）$FU_2(1)$ →$FU_2(0)$ 之间无 380V 电压。测量方法可用电压法。

故障现象 2：按下启动按钮 SB_1 后，KM_1 能吸合，但松开 SB_1 后，KM_1 也断电松开。

故障分析：KM_1 能吸合，说明 KM_1 线圈启动支路正常，是自锁支路有问题。可用电阻法测量 $SB_1(3)$ →$KM_1(3)$ 和 $SB_1(4)$ →$KM_1(4)$ 之间是否有开路以及 $KM_1(3,4)$ 间能否正常闭合。

故障现象 3：正转正常，按反向按钮 SB_2，KM_1 能释放，但 KM_2 不吸合，电动机不能反转。

故障分析：

（1）接触器 KM_1 辅助常闭触头接触不良或断线；

（2）反向按钮 SB_2 常开触头接触不良；

（3）正向按钮 SB_1 常闭触头接触不良；

（4）接触器 KM_2 线圈断路；

（5）接触器 KM_2 触头卡阻。

按下 SB_2，用测电笔依次测量 SB_2 常开的上下端头、SB_1 常闭的上下端头、KM_1 常闭的上下端头，故障点在有电和无电之间。若上述正常，则断开电源，用万用表的电阻挡测量接触器 KM_2 线圈的上下端头，检查其通断情况。若线圈也正常，则是接触器触头卡阻。

检查评议

对任务的实施情况进行检查，并将结果填入表 8-2。

表 8-2　任务测评表

序号	主要内容	考核要求	评分标准	配分	扣分	得分
1	电路安装检修	根据任务，按照电动机双重联锁正反转控制电路的安装步骤和工艺要求，进行电路的安装与检修	1. 按图接线，不按图接线扣10分 2. 元件安装正确、整齐、牢固，否则一个扣2分 3. 行线槽整齐美观，横平竖直、高低平齐，转角90°，否则每处扣2分 4. 线头长短合适，线耳方向正确，无松动，否则每处扣1分 5. 配线齐全，否则一根扣5分 6. 编码套管安装正确，否则每处扣1分 7. 通电试车功能齐全，否则扣40分	60		
2	电路故障检修	人为设置隐蔽故障3个，根据故障现象，正确分析故障原因及故障范围，采用正确的检修方法，排除全部电路故障	1. 不能根据故障现象划出故障最小范围扣10分 2. 检修方法错误扣5~10分 3. 故障排除后，未能在电路图中用"×"标出故障点，扣10分 4. 只能排除1个故障扣20分，3个故障都未能排除扣30分	30		

序号	主要内容	考核要求	评分标准	配分	扣分	得分
3	安全文明生产	劳动保护用品穿戴整齐；电工工具佩带齐全；遵守操作规程；尊重老师，讲文明礼貌；考试结束要清理现场	1. 操作中，违反安全文明生产考核要求的任何一项扣2分，扣完为止 2. 发现学生有重大事故隐患时，要立即予以制止，并每次扣安全文明生产总分5分	10		
合计						
开始时间：			结束时间：			

项目思考题

1. 如何使电动机改变转向？

2. 接触器 KM_1 和 KM_2 的主触头同时闭合，会造成什么后果？该实训控制电路采取了什么措施避免？

3. 若去掉图中 KM_1 和 KM_2 的辅助常闭触头，会对电路有何影响？

4. 若电源缺一相，电动机能运行吗？

5. 若电动机能正转运行，但是不能反转，请分析原因。

6. 接触器按钮双重联锁正反转控制电路的优缺点是什么？

7. 你安装的按钮接触器双重联锁控制电路是否一次连接成功？若没有，出现了什么故障，如何排除？

项目 9　三相异步电动机两地启停和顺序控制电路

在实际生产中，经常需要两台电动机实现顺序启动、逆序停止控制，以及两地启停控制。

任务 1　三相异步电动机两地启停控制电路的安装与检修

知识目标：

1. 正确理解三相异步电动机两地启停控制电路的工作原理。

2. 能正确识读三相异步电动机两地启停控制电路的原理图、接线图和布置图。

能力目标：

1. 会按照工艺要求正确安装三相异步电动机两地启停控制电路。

2. 能根据故障现象，检修三相异步电动机两地启停控制电路。

素质目标：

养成独立思考和动手操作的习惯，培养小组协调能力和互相学习的精神。

工作任务

电动机两地启停控制也是机床控制中的基本方法，可以方便对电动机的异地检修与调试操作。本任务的主要内容是完成对三相异步电动机两地启停控制电路的安装与检修。

相关知识

一、三相异步电动机两地启停控制原理

有些生产设备为了操作方便，需要能在两个不同的地方控制电动机的启停操作，所以需要在普通启停控制电路上再增加一组启动按钮和停止按钮，控制方法是启动按钮并联起来，停止按钮串联起来。

二、三相异步电动机两地启动停止控制电路分析

三相异步电动机两地启停控制电路如图 9-1 所示。

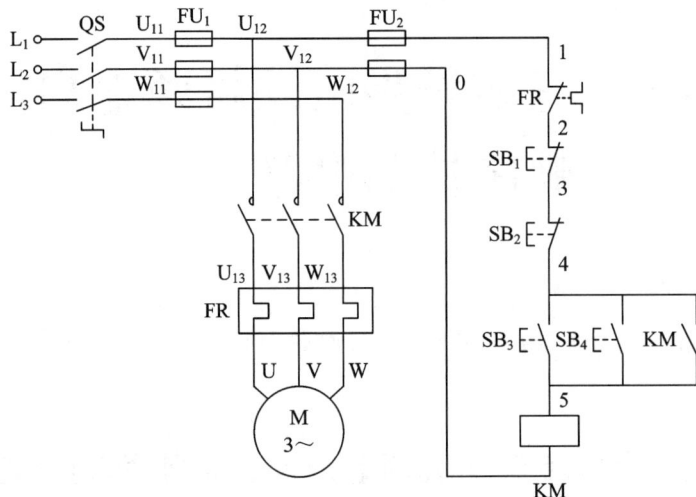

图 9-1 三相异步电动机两地启停控制电路图

三相异步电动机两地启动停止控制电路的工作原理如下：

1. 启动控制

合上电源开关 QS。

按下启动按钮 SB_3 或 SB_4→SB_3 或 SB_4 常开触点(4,5)闭合→KM 线圈得电→KM 常开触点(4,5)闭合，完成自锁；主触点(U_{12},U_{13}；V_{12},V_{13}；W_{12},W_{13})闭合，电机 M 得电运转。

2. 停止控制

按下停止按钮 SB_1 或 SB_2→SB_1 常闭触点(2,3)或 SB_2 常闭触点(3,4)断开→KM 线圈断电→KM 常开触点(4,5)断开，自锁解除；主触点(U_{12},U_{13}；V_{12},V_{13}；W_{12},W_{13})断开，电机 M 断电停转。

在运行过程中，若因某种原因致使电机过载，主回路电流超过热继电器 FR 的整定值，则 FR 常闭触点(1,2)断开，使 KM 线圈断电，电机停转，实现过载保护。

📝 任务准备

实施本任务所使用的教学实训设备及工具材料可参考表 9-1。

表 9-1　实训设备及工具材料

序号	名　称	型　号　规　格	单位	数量	备注
1	电工常用工具		套	1	
2	万用表	MF47 型	块	1	
3	三相四线电源	AC3×380/220 V，20 A	处	1	
4	三相笼型异步电动机	△/Y 接法；或自定	台	1	
5	配线板	500 mm×600 mm×20 mm	块	1	
6	组合开关	HZ10—25/3	只	1	

续表

序号	名　称	型　号　规　格	单位	数量	备注
7	接触器	CJ10—20，线圈电压 380 V，20 A	个	3	
8	熔断器 FU$_1$	RL1—60/25，380 V，60 A，熔体配 25 A	套	3	
9	熔断器 FU$_2$	RL1—15/2，380 V，15 A，熔体配 2 A	套	2	
10	热继电器	JR16—20/3，三极，20 A	只	2	
11	按钮	LA10—3H	只	1	
12	接线端子排	TB1512	条	1	
13	木螺钉	$\phi 3 \times 20$ mm；$\phi 3 \times 15$ mm	个	30	
14	平垫圈	$\phi 4$ mm	个	30	
15	圆珠笔	自定	支	1	
16	主电路导线	BVR—1.5，1.5 mm^2（7×0.52 mm）（黑色）	m	若干	
17	控制电路导线	BVR—1.0，1.0 mm^2（7×0.43 mm）	m	若干	
18	按钮线	BVR—0.75，0.75 mm^2	m	若干	
19	接地线	BVR—1.5，1.5 mm^2（黄绿双色）	m	若干	
20	行线槽	18 mm×25 mm	m	若干	
21	编码套管	自定	m	若干	

❈ 任务实施

一、三相异步电动机两地启停控制电路的安装与检修

1. 绘制元件布置图和接线图

三相异步电动机两地启停控制电路元件布置图和安装接线图请读者自行绘制，在此不再赘述。

2. 元器件规格、质量检查

（1）检查各元器件、耗材与表 9 - 1 中的型号规格是否一致。

（2）检查各元器件的外观是否完整无损，附件、备件是否齐全。

（3）用仪表检查各元器件和电动机的有关技术数据是否符合要求。

3. 根据元件布置图安装和固定低压电器元件

元器件检查完毕后，按照所绘制的元件布置图安装和固定电器元件。

4. 根据电气原理图和安装接线图进行行线槽配线

元件安装完毕后，按照如图 9 - 1 所示的原理图和自行绘制安装接线图进行板前行线槽配线。

5. 电动机的连接

按照电动机铭牌上的接线方法，正确连接接线端子，最后连接电动机的保护接地线。

6. 自检

电路安装完毕后，在通电试车前必须经过自检。经指导教师确认无误后，方可通电试车。

7. 通电试车

自检完成后，在教师的监护下进行通电试车。

二、三相异步电动机两地启停控制电路常见故障的分析及检修

1. 主电路的故障检修

三相异步电动机两地启停控制电路主电路的故障现象和检修方法与前一个任务中主电路的故障现象和检修方法相似，在此不再赘述，读者可自行分析。

2. 控制电路的故障检修

故障现象 1：本地可以正常启动停止控制，但异地不能启动。

故障分析：本地可以正常启动控制，说明 KM 线圈启动支路正常，因而故障最小范围在异地启动按钮支路，如图 9-2 中的虚线标识。可用电阻法测量 $SB_4(4) \rightarrow SB_3(4)$ 和 $SB_4(5) \rightarrow SB_3(5)$ 之间是否有开路以及 $SB_4(4,5)$ 间能否正常闭合。

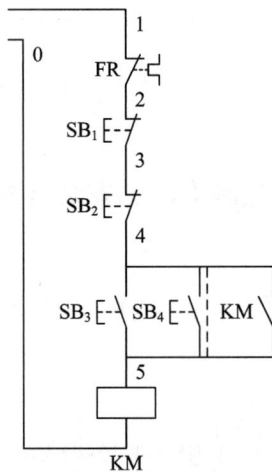

图 9-2　故障最小范围

故障现象 2：本地可以正常启动停止控制，但异地不能停止。

故障分析：本地可以正常启动控制，说明 KM 线圈启动支路正常，而异地不能停止，说明故障在异地停止按钮 SB_2。可用电阻法测量异地停止按钮 SB_2 是否发生短路故障。

🖋 **检查评议**

对任务的实施情况进行检查，并将结果填入表 9-2。

表 9 - 2　任务测评表

序号	主要内容	考 核 要 求	评 分 标 准	配分	扣分	得分
1	电路安装检修	根据任务，按照电动机两地启停控制电路的安装步骤和工艺要求，进行电路的安装与检修	1. 按图接线，不按图接线扣10 分 2. 元件安装正确、整齐、牢固，否则一个扣 2 分 3. 行线槽整齐美观，横平竖直、高低平齐，转角 90°，否则每处扣 2 分 4. 线头长短合适，线耳方向正确，无松动，否则每处扣 1 分 5. 配线齐全，否则一根扣 5 分 6. 编码套管安装正确，否则每处扣 1 分 7. 通电试车功能齐全，否则扣40 分	60		
2	电路故障检修	人为设置隐蔽故障 3 个，根据故障现象，正确分析故障原因及故障范围，采用正确的检修方法，排除全部电路故障	1. 不能根据故障现象划出故障最小范围扣 10 分 2. 检修方法错误扣 5～10 分 3. 故障排除后，未能在电路图中用"×"标出故障点，扣 10 分 4. 只能排除 1 个故障扣 20 分，3 个故障都未能排除扣 30 分	30		
3	安全文明生产	劳动保护用品穿戴整齐；电工工具佩带齐全；遵守操作规程；尊重老师，讲文明礼貌；考试结束要清理现场	1. 操作中，违反安全文明生产考核要求的任何一项扣 2 分，扣完为止 2. 发现学生有重大事故隐患时，要立即予以制止，并每次扣安全文明生产总分 5 分	10		
			合计			
开始时间：			结束时间：			

任务 2　三相异步电动机顺序控制电路的安装与检修

知识目标：

1. 正确理解三相异步电动机顺序控制电路的工作原理。

2. 能正确识读三相异步电动机顺序控制电路的原理图、接线图和布置图。

能力目标：

1. 会按照工艺要求正确安装三相异步电动机顺序控制电路。
2. 能根据故障现象，检修三相异步电动机顺序控制电路。

素质目标：

养成独立思考和动手操作的习惯，培养小组协调能力和互相学习的精神。

工作任务

在生产中经常需要实现两台电动机 M_1、M_2 顺序启动、逆序停止控制，那么如何解决这个问题呢？今天我们就来学习实现两台电动机顺序启动、逆序停止控制电路的原理和设计。本任务的主要内容是完成对三相异步电动机顺序控制电路的安装与检修。

相关知识

一、三相异步电动机顺序启动、逆序停止控制原理

在装有多台电动机的生产机械上，各台电动机所起的作用是不同的，有时需按一定的顺序启动或停止，才能保证操作过程的合理和工作的安全可靠。像这种要求多台电动机的启动或停止必须按一定先后顺序来完成的控制方式，称为电动机的顺序控制。

二、三相异步电动机顺序控制电路分析

三相异步电动机顺序控制电路如图 9 - 3 所示。

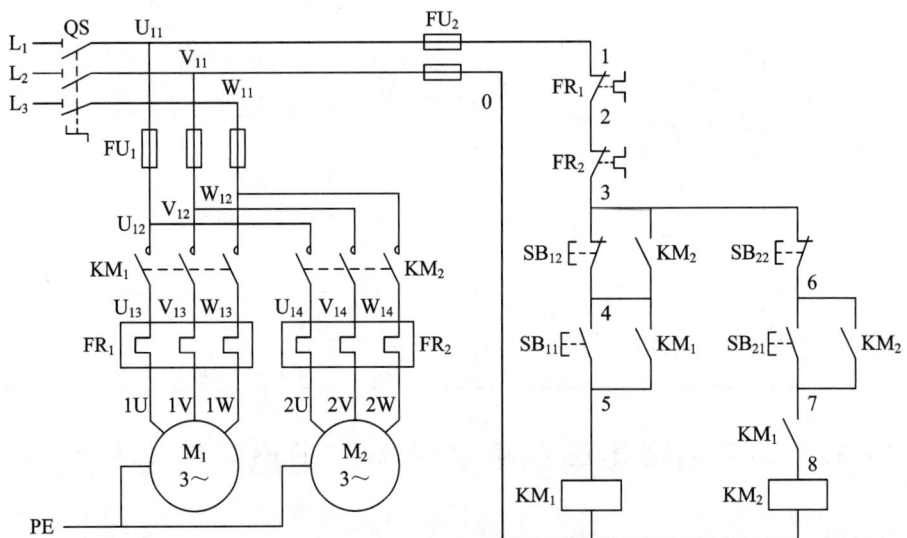

图 9 - 3　三相异步电动机顺序控制电路图

1. 顺序启动

合上电源开关 QS。

先按下 SB_{11} ⟶ KM_1 线圈得电

- ⟶ KM_1 自锁触头闭合自锁 ⟶ 电动机 M_1 启动连续运转
- ⟶ KM_1 主触头闭合 ⟶ 电动机 M_1 启动连续运转
- ⟶ KM_1 常开辅助触头闭合

再按下 SB_{21} ⟶ KM_2 线圈得电

- ⟶ KM_2 自锁触头闭合自锁 ⟶ 电动机 M_2 启动连续运转
- ⟶ KM_2 主触头闭合 ⟶ 电动机 M_2 启动连续运转
- ⟶ KM_2 常开辅助触头闭合(实现逆序停止)

2. 逆序停止

先按下 SB_{22} ⟶ KM_2 线圈失电

- ⟶ KM_2 自锁触头分断解除自锁 ⟶ 电动机 M_2 失电停转
- ⟶ KM_2 主触头分断 ⟶ 电动机 M_2 失电停转
- ⟶ KM_2 常开辅助触头分断

再按下 SB_{12} ⟶ KM_1 线圈失电

- ⟶ KM_1 自锁触头分断解除自锁 ⟶ 电动机 M_1 失电停转
- ⟶ KM_1 主触头分断 ⟶ 电动机 M_1 失电停转
- ⟶ KM_1 常开辅助触头分断(实现顺序启动)

由于在 SB_{12} 停止按钮两端并联着一个接触器 KM_2 的常开辅助触头(线号为 3、4),所以只有先使接触器 KM_2 线圈失电,即电动机 M_2 停转,同时 KM_2 常开辅助触头断开,然后才能按 SB_{12} 达到断开接触器 KM_1 线圈电源的目的,最终使电动机 M_1 停转。这种顺序控制电路的特点是:使两台电动机依次顺序启动,而逆序停止。

任务准备

实施本任务所使用的教学实训设备及工具材料可参考表 9-3。

表 9-3　实训设备及工具材料

序号	名　称	型 号 规 格	单位	数量	备注
1	电工常用工具		套	1	
2	万用表	MF47 型	块	1	
3	三相四线电源	AC3×380/220 V,20 A	处	1	
4	三相鼠笼式异步电动机	△/Y 接法	台	2	
5	配线板	500 mm×600 mm×20 mm	块	1	
6	组合开关	HZ10—25/3	只	1	
7	接触器	CJ10—20,线圈电压 380 V,20 A	个	2	
8	熔断器 FU_1	RL1—60/25,380 V,60 A,熔体配 25 A	套	3	
9	熔断器 FU_2	RL1—15/2,380 V,15 A,熔体配 2 A	套	2	
10	热继电器	JR16—20/3,三极,20 A	只	2	

序号	名 称	型 号 规 格	单位	数量	备注
11	按钮	LA10—3H	只	1	
12	接线端子排	TB1512	条	1	
13	木螺钉	$\phi 3 \times 20$ mm；$\phi 3 \times 15$ mm	个	30	
14	平垫圈	$\phi 4$ mm	个	30	
15	记号笔	自定	支	1	
16	主电路导线	BVR—1.5，1.5 mm²（7×0.52 mm）（黑色）	m	若干	
17	控制电路导线	BVR—1.0，1.0 mm²（7×0.43 mm）	m	若干	
18	按钮线	BVR—0.75，0.75 mm²	m	若干	
19	接地线	BVR—1.5，1.5 mm²（黄绿双色）	m	若干	
20	行线槽	18 mm×25 mm	m	若干	
21	编码套管	自定	m	若干	

任务实施

一、三相异步电动机顺序控制电路的安装

1. 绘制元件布置图和接线图

三相异步电动机顺序控制电路的元件布置图和接线图请读者根据实物摆放情况自行绘制，在此不再赘述。

2. 元器件规格、质量检查

（1）检查各元器件、耗材与表9-3中的型号规格是否一致。

（2）检查各元器件的外观是否完整无损，附件、备件是否齐全。

（3）用仪表检查各元器件和电动机的有关技术数据是否符合要求。

3. 根据元件布置图安装和固定低压电器元件

元器件检查完毕后，按照所绘制的元件布置图安装和固定电器元件。在控制板上安装电器元件，并贴上醒目的文字符号。相关工艺要求如下：

（1）组合开关、熔断器的受电端子应安装在控制板的外侧，并使熔断器的受电端为底座的中心端。

（2）各元件的安装位置应整齐、均匀，间距合理，便于更换。

（3）紧固各元件时要用力均匀，紧固程度适当。在紧固熔断器、接触器等易碎裂元件时，应用手按住元件，一边轻轻摇动，一边用旋具轮换旋紧对角线上的螺钉，直到手摇不动后再适当旋紧即可。

4. 根据电气原理图和安装接线图进行行线槽配线

元件安装完毕后，按照如图9-3所示的原理图和自行绘制的安装接线图进行板前行

线槽配线。板前行线槽配线的具体工艺要求是：

（1）所有导线的截面积在等于或大于 $0.5 \ mm^2$ 时，必须采用软线。考虑机械强度的原因，所用导线的最小截面积，在控制箱外为 $1 \ mm^2$，在控制箱内为 $0.75 \ mm^2$。但对控制箱内很小电流的电路连线，如电子逻辑电路，可用 $0.2 \ mm^2$ 的导线，并且可以采用硬线，但只能用于不移动且无振动的场合。

（2）布线时，严禁损伤线芯和导线绝缘。

（3）各电器元件接线端子引出导线的走向，以元件的水平中心线为界线，在水平中心线以上接线端子引出的导线，必须进入元件上面的行线槽；在水平中心线以下接线端子引出的导线，必须进入元件下面的行线槽。任何导线都不允许从水平方向进入行线槽内。

（4）各电器元件接线端子上引出或引入的导线，除间距很小和元件机械强度很差允许直接架空敷设外，其他导线必须经过行线槽进行连接。

（5）进入行线槽内的导线要完全置于行线槽内，并应尽可能避免交叉，装线不要超过其容量的 70%，以保证能盖上线槽盖且便于以后的装配及维修。

（6）各电器元件与行线槽之间的外露导线，应走线合理，并尽可能做到横平竖直，变换走向要垂直。同一个元件上位置一致的端子和同型号电器元件中位置一致的端子上引出或引入的导线，要敷设在同一个平面上，并应做到高低一致或前后一致，不得交叉。

（7）所有接线端子、导线线头上都应套有与电路图上相应接点线号一致的编码套管，并按线号进行连接，连接必须牢靠，不得松动。

（8）在任何情况下，接线端子必须与导线截面积和材料性质相适应。当接线端子不适合连接软线或较小截面积的软线时，可以在导线端头穿上针形或叉形轧头并压紧。

（9）一般一个接线端子只能连接一根导线，如果采用专门设计的端子，可以连接两根或多根导线，但导线的连接方式必须是公认的、在工艺上成熟的各种方式，如夹紧、压接、焊接、绕接等，并应严格按照连接工艺的工序要求进行。

5. 电动机的连接

按照电动机铭牌上的接线方法，正确连接接线端子，最后连接电动机的保护接地线。

6. 自检

电路安装完毕后，在通电试车前必须经过自检。自检方法如下：

（1）按电路图或接线图从电源端开始，逐段核对接线及接线端子处线号是否正确，有无漏接、错接之处。检查导线接点是否符合要求，压接是否牢固。

（2）学生用万用表检查电路的通断情况。应选用倍率适当的电阻挡，并进行校零，以防止短路故障的发生。

① 控制电路的检查（可断开主电路）。将表棒分别搭在 U_{11}、V_{11} 线端上，此时读数应为"∞"。按下 SB_{11}（或者用起子按下 KM_1 的衔铁）时，指针应偏转很大，读数应为接触器 KM_1 线圈的直流电阻。按下 SB_{21}（或者用起子按下 KM_2 的衔铁）时，指针应不动，此时读数应为"∞"；再同时用起子按下 KM_1 的衔铁，指针应偏转很大，读数应为接触器 KM_2 线圈的直流电阻。同时按下 SB_{11}、SB_{12}，再用起子按下 KM_2 的衔铁，指针应偏转很大，读数应为接触器 KM_1 线圈的直流电阻。

② 主电路的检查（断开控制电路）。看有无开路或短路现象，此时可用手动来代替接触

器通电进行检查。

（3）用兆欧表检查电路的绝缘，电阻值应不得小于 1 MΩ。

经指导教师确认无误后，方可通电试车。

7. 通电试车

由老师接通三相电源 L_1、L_2、L_3，学生合上电源开关 QS，按下 SB_{11}，观察接触器 KM_1 是否吸合，松开 SB_{11} 接触器 KM_1 是否自锁，电动机 M_1 运行是否正常等。

按下 SB_{21}，观察接触器 KM_2 是否吸合，松开 SB_{21} 接触器 KM_2 是否自锁，电动机 M_2 运行是否正常等；按下 SB_{12}，两台电动机应没有影响。

先按下 SB_{22}，观察接触器 KM_2 是否释放，电动机 M_2 是否停转；再按下 SB_{12}，观察接触器 KM_1 是否释放，电动机 M_1 是否停转。

二、三相异步电动机顺序控制电路常见故障的分析及检修

1. 主电路的故障检修

故障现象 1：KM_1 能吸合，但电动机不转。

故障分析：KM_1 能吸合，说明控制回路工作正常，故障在主回路三相电源没有加至电动机绕组。可用万用表电压挡依次测量关键节点（U_{11}、V_{11}、W_{11}，U_{12}、V_{12}、W_{12}，U_{13}、V_{13}、W_{13}，U、V、W）两两之间的电压，正常应有 380 V。若在哪一次测量中电压不正常，则故障点在本次测量点与上次测量点之间（有开路）。

故障现象 2：KM_1 能吸合，但电动机启动困难，运转很慢，并伴有"嗡嗡"噪音。

故障分析：这是典型的电动机缺相现象。故障在主回路三相电源有一相没有加至电动机绕组。测量方法同故障 1。

2. 控制电路的故障检修

故障现象 1：按下 SB_{11}，KM_1 吸合，松开 SB_{11}，KM_1 释放。

故障分析：KM_1 能吸合，但无法自锁，故障出在 KM_1 自锁回路。可用万用表电阻挡依次测量 $KM_2(4)-KM_1(4)$，$KM_1(5)-KM_1$ 线圈(5)之间的电阻。

故障现象 2：合上电源，KM_1 立即吸合。

故障分析：未按下启动按钮 SB_{11}，KM_1 立即吸合，说明启动按钮 SB_{11} 常开触点两端有短路现象。

故障现象 3：按下 SB_{21}，KM_2 吸合。

故障分析：没有顺序启动，说明 $KM_1(7-8)$ 常开辅助触头没有串接在 KM_2 线圈支路。

故障现象 4：按下 SB_{12}，KM_1 释放。

故障分析：按下 SB_{12} 时 KM_1 释放，没有逆序停止，说明 $KM_2(3-4)$ 常开辅助触头没有并接在 SB_{12} 常闭触点两端。

检查评议

对任务的实施情况进行检查，并将结果填入表 9-4。

表 9-4　任务测评表

序号	主要内容	考核要求	评分标准	配分	扣分	得分
1	电路安装检修	根据任务,按照电动机顺序控制电路的安装步骤和工艺要求,进行电路的安装与检修	1. 按图接线,不按图接线扣10分 2. 元件安装正确、整齐、牢固,否则一个扣2分 3. 行线槽整齐美观,横平竖直、高低平齐,转角90°,否则每处扣2分 4. 线头长短合适,线耳方向正确,无松动,否则每处扣1分 5. 配线齐全,否则一根扣5分 6. 编码套管安装正确,否则每处扣1分 7. 通电试车功能齐全,否则扣40分	60		
2	电路故障检修	人为设置隐蔽故障3个,根据故障现象,正确分析故障原因及故障范围,采用正确的检修方法,排除全部电路故障	1. 不能根据故障现象划出故障最小范围扣10分 2. 检修方法错误扣5~10分 3. 故障排除后,未能在电路图中用"×"标出故障点,扣10分 4. 只能排除1个故障扣20分,3个故障都未能排除扣30分	30		
3	安全文明生产	劳动保护用品穿戴整齐;电工工具佩带齐全;遵守操作规程;尊重老师,讲文明礼貌;考试结束要清理现场	1. 操作中,违反安全文明生产考核要求的任何一项扣2分,扣完为止 2. 发现学生有重大事故隐患时,要立即予以制止,并每次扣安全文明生产总分5分	10		
		合计				
开始时间:			结束时间:			

项目思考题

1. 两地控制在实际生产中的应用有哪些?
2. 简述两地控制的原理。
3. 试一试,你能设计几种形式的控制电路来实现两台电动机顺序启动、逆序停止?
4. 分析主电路实现的顺序控制和控制电路实现顺序控制电路的优缺点。

项目 10　三相异步电动机自动往返控制电路

在生产实际中，有些生产机械(如磨床)的工作台要求在一定行程内自动往返运动，以便实现对工件的连续加工，提高生产效率，这就需要电气控制电路能控制电动机实现自动切换正反转。

任务　电动机自动往返控制电路的安装与检修

知识目标：

1. 正确理解电动机位置控制电路的工作原理。
2. 正确理解电动机自动往返控制电路的工作原理。
3. 能正确识读电动机自动往返控制电路的原理图、接线图和布置图。

能力目标：

1. 会按照工艺要求正确安装电动机自动往返控制电路。
2. 能根据故障现象，检修电动机自动往返控制电路。

素质目标：

养成独立思考和动手操作的习惯，培养小组协调能力和互相学习的精神。

工作任务

本任务的主要内容是完成对三相异步电动机自动往返控制电路的安装与检修。

相关知识

一、位置控制

车间里的行车，每当走到轨道尽头时，都能自动停下来，这是为什么呢？

在生产过程中，常遇到一些生产机械运动部件的行程需要受到限制的情况，如行车等就经常有这样的控制要求。实现这种控制要求所依靠的主要电器就是位置开关，这种控制电路就是位置控制电路。

1. 行程开关

行程开关是用来反映工作机械的行程，发出命令以控制其运动方向和行程大小的开关。行程开关的工作原理与按钮基本相同，区别仅在于行程开关不是靠手指的按压而是利用生产机械运动部件的碰压使其触头动作，从而将机械信号转变为电信号，用以控制机械动作或用于程序控制。通常，行程开关被用来限制机械运动的位置或行程，使运动机械按一定的位置或行程实现自动停止、反向运动、变速运动或自动往返运动等。

2. 位置控制

位置控制就是利用生产机械运动部件上的挡铁与位置开关碰撞，使其触头动作，接通或断开电路，达到控制生产机械运动部件的位置或行程的自动控制。

3. 位置控制电路工作原理

位置控制电路的工作原理如下：

三相异步电动机位置控制电路如图 10-1 所示，KM_1、KM_2 为正反转接触器，SB_1、SB_2 为正反启动按钮，SB_3 为停车按钮，SQ_1、SQ_2 为限位开关，FU_1、FU_2 作短路保护。

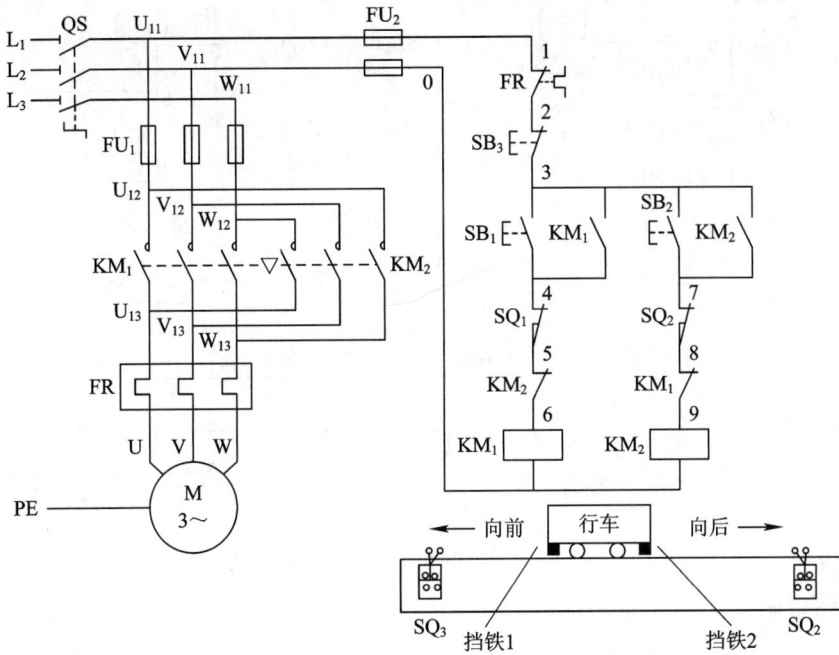

图 10-1　三相异步电动机位置控制电路图

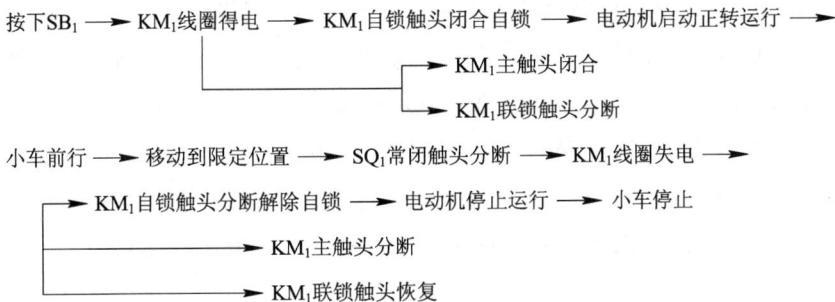

按下SB_1 ——→ KM_1线圈得电 ——→ KM_1自锁触头闭合自锁 ——→ 电动机启动正转运行 ——→
　　　　　　　　　　　　　　　　 ——→ KM_1主触头闭合
　　　　　　　　　　　　　　　　 ——→ KM_1联锁触头分断

小车前行 ——→ 移动到限定位置 ——→ SQ_1常闭触头分断 ——→ KM_1线圈失电 ——→
　　 ——→ KM_1自锁触头分断解除自锁 ——→ 电动机停止运行 ——→ 小车停止
　　　　 ——→ KM_1主触头分断
　　　　 ——→ KM_1联锁触头恢复

二、自动往返控制电路

有些生产机械如万能铣床，要求工作台在一定的行程内自动往返运动，以便实现对工件的连续加工，提高生产效率，即要求工作台到达指定位置时，不但要停止原方向运动，而且还要自动改变方向，向相反的方向运动。图 10-2 所示为三相异步电动机自动往返控制电路。

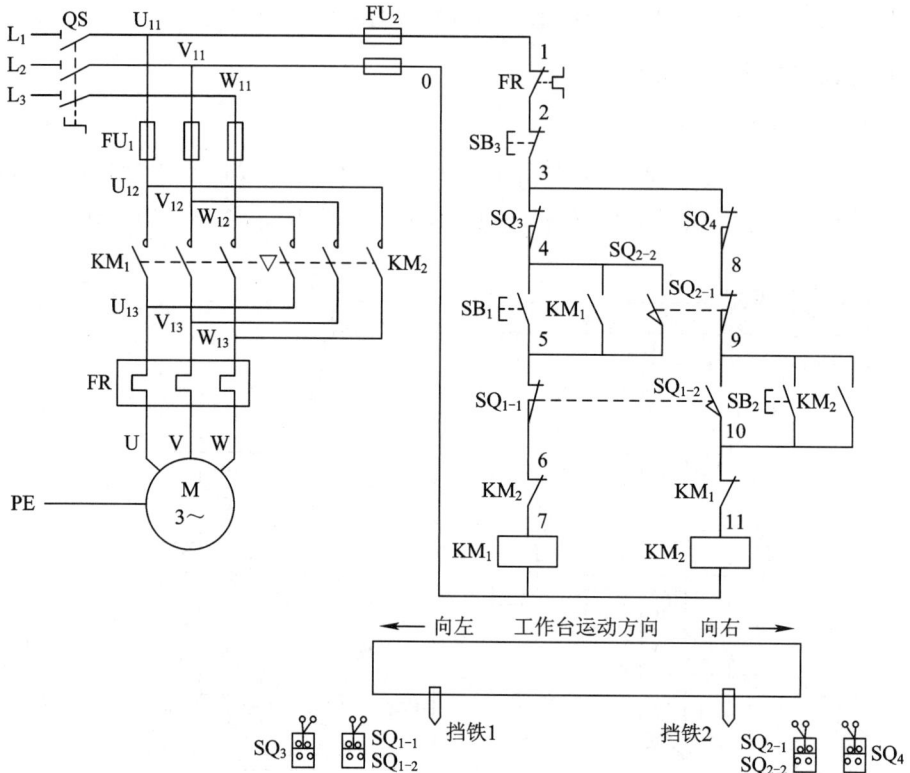

图 10-2　三相异步电动机自动往返控制电路图

1. 电路说明

为了使电动机的正反转控制与工作台的左右运动相配合，在控制线路中设置了四个位置开关 SQ_1、SQ_2、SQ_3 和 SQ_4，并把它们安装在工作台需限位的地方。其中，SQ_1、SQ_2 用来自动换接电动机的正反转控制电路，实现工作台的自动往返行程控制；SQ_3、SQ_4 用来作终端保护，以防止 SQ_1、SQ_2 失灵，工作台越过限定位置而造成事故。在工作台边的 T 形槽中装有两块挡铁，挡铁 1 只能和 SQ_1、SQ_3 相碰撞，挡铁 2 只能和 SQ_2、SQ_4 相碰撞。当工作台运动到所限位置时，挡铁碰撞位置开关，使其触头动作，自动换接电动机正反转控制电路，通过机械传动机构使工作台自动往返运动。工作台行程可以通过移动挡铁位置来调节，拉开两块挡铁间的距离，行程就短，反之则长。

2. 工作原理

（1）启动控制。

合上电源开关 QS。

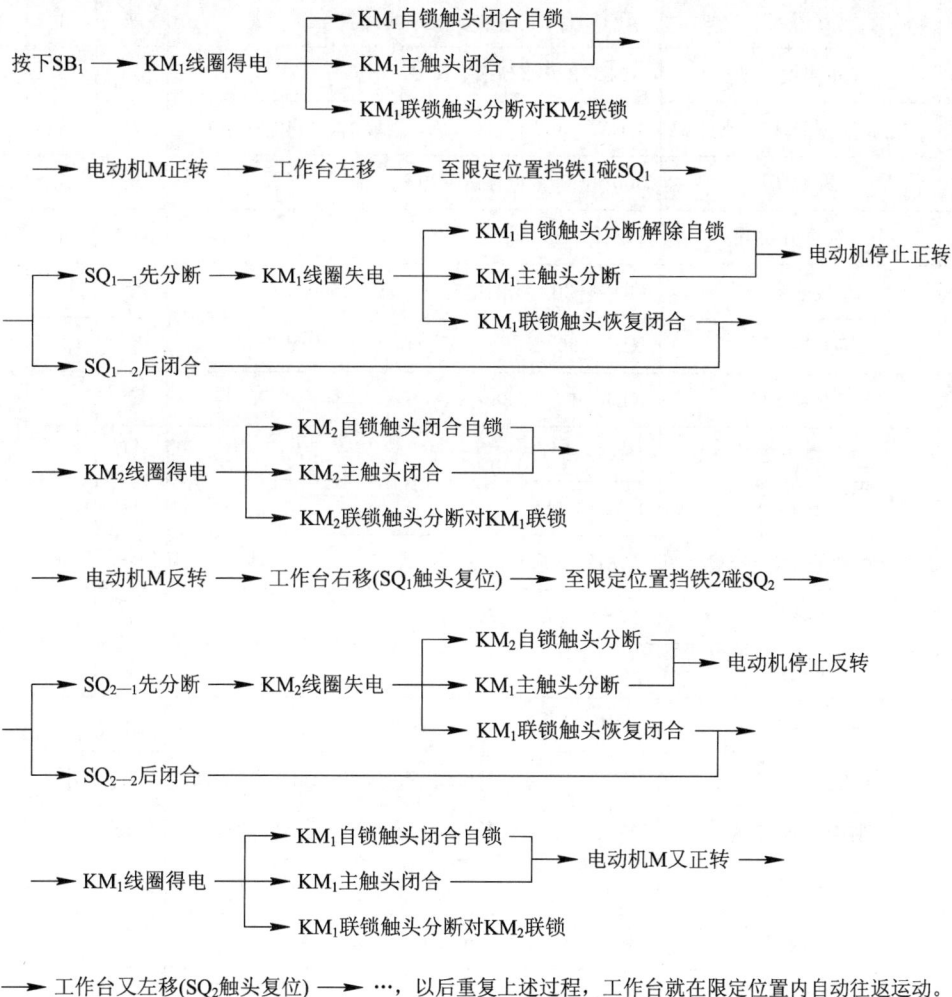

这里 SB_1、SB_2 分别作为正转启动按钮和反转启动按钮，若启动前工作台在左端，则应按下 SB_2 进行启动。

（2）停止控制。

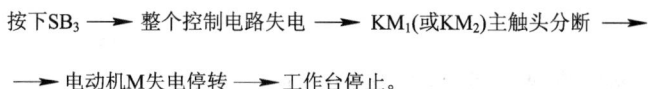

任务准备

实施本任务所使用的教学实训设备及工具材料可参考表 10-1。

表 10-1 实训设备及工具材料

序号	名 称	型 号 规 格	单位	数量	备注
1	电工常用工具		套	1	
2	万用表	MF47 型	块	1	
3	三相四线电源	AC3×380/220 V，20 A	处	1	
4	三相笼型异步电动机	4 KW，380 V，8.8 A，△接法，1440 r/min	台	1	
5	配线板	500 mm×600 mm×20 mm	块	1	
6	组合开关	HZ10—25/3	只	1	
7	接触器	CJ10—20，线圈电压 380 V，20 A	个	3	
8	熔断器 FU₁	RL1—60/25，380 V，60 A，熔体配 25 A	套	3	
9	熔断器 FU₂	RL1—15/2，380 V，15 A，熔体配 2 A	套	2	
10	热继电器	JR16—20/3，三极，20 A	只	2	
11	按钮	LA10—3H	只	1	
12	行程开关 SQ₁～SQ₄	JLXK1—111 单轮旋转式	个	4	
13	木螺钉	φ3×20 mm；φ3×15 mm	个	30	
14	平垫圈	φ4 mm	个	30	
15	圆珠笔	自定	支	1	
16	主电路导线	BVR—1.5，1.5 mm²(7×0.52 mm)(黑色)	m	若干	
17	控制电路导线	BVR—1.0，1.0 mm²(7×0.43 mm)	m	若干	
18	按钮线	BVR—0.75，0.75 mm²	m	若干	
19	接地线	BVR—1.5，1.5 mm²(黄绿双色)	m	若干	
20	行线槽	18 mm×25 mm	m	若干	
21	编码套管	自定	m	若干	

任务实施

一、电动机自动往返控制电路的安装与检修

1. 绘制元件布置图和接线图

电动机自动往返控制电路的元件布置如图 10-3 所示，安装接线图请读者自行绘制，在此不再赘述。

2. 元器件规格、质量检查

（1）检查各元器件、耗材与表 10 - 1 中的型号规格是否一致。

（2）检查各元器件的外观是否完整无损，附件、备件是否齐全。

（3）用仪表检查各元器件和电动机的有关技术数据是否符合要求。

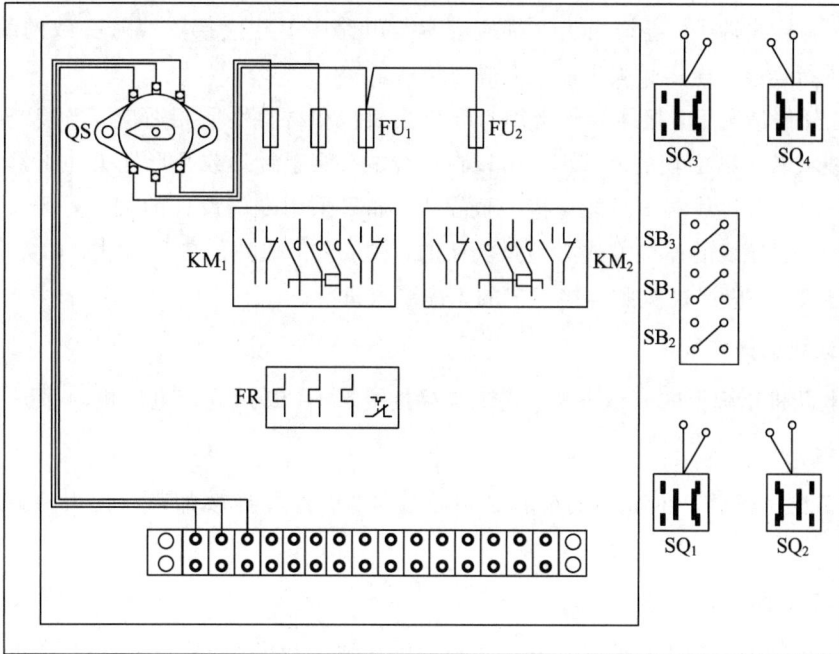

图 10 - 3　电动机自动往返控制电路元件布置图

3. 根据元件布置图安装和固定低压电器元件

元器件检查完毕后，按照图 10 - 3 所示的元件布置图安装和固定电器元件。

4. 根据电气原理图和安装接线图进行行线槽配线

元件安装完毕后，按照图 10 - 2 所示的电气原理图和自己绘制安装接线图进行板前行线槽配线。板前行线槽配线的具体工艺要求如下：

（1）所有导线的截面积在等于或大于 0.5 mm² 时，必须采用软线。考虑机械程强的原因，所用导线的最小截面积，在控制箱外为 1 mm²，在控制箱内为 0.75 mm²。但对控制箱内很小电流的电路连线，如电子逻辑电路，可用 0.2 mm²，并且可以采用硬线，但只能用于不移动且无振动的场合。

（2）布线时，严禁损伤线芯和导线绝缘。

（3）各电器元件接线端子引出导线的走向，以元件的水平中心线为界线，在水平中心线以上接线端子引出的导线，必须进入元件上面的行线槽；在水平中心线以下接线端子引出的导线，必须进入元件下面的行线槽。任何导线都不允许从水平方向进入行线槽内。

（4）各电器元件接线端子上引出或引入的导线，除间距很小和元件机械强度很差允许直接架空敷设外，其他导线必须经过行线槽进行连接。

（5）进入行线槽内的导线要完全置于行线槽内，并应尽可能避免交叉，装线不要超过其容量的 70%，以保证能盖上线槽盖且便于以后的装配及维修。

（6）各电器元件与行线槽之间的外露导线，应走线合理，并尽可能做到横平竖直，变换走向要垂直。同一个元件上位置一致的端子和同型号电器元件中位置一致的端子上引出或引入的导线，要敷设在同一个平面上，并应做到高低一致或前后一致，不得交叉。

（7）所有接线端子、导线线头上都应套有与电路图上相应接点线号一致的编码套管，并按线号进行连接，连接必须牢靠，不得松动。

（8）在任何情况下，接线端子必须与导线截面积和材料性质相适应。当接线端子不适合连接软线或较小截面积的软线时，可以在导线端头穿上针形或叉形轧头并压紧。

（9）一般一个接线端子只能连接一根导线，如果采用专门设计的端子，可以连接两根或多根导线，但导线的连接方式必须是公认的、在工艺上成熟的各种方式，如夹紧、压接、焊接、绕接等，并应严格按照连接工艺的工序要求进行。

5. 电动机的连接

按照电动机铭牌上的接线方法，正确连接接线端子，最后连接电动机的保护接地线。

6. 自检

电路安装完毕后，在通电试车前必须经过自检。经指导教师确认无误后，方可通电试车。

7. 通电试车

学生在教师的监护下进行通电试车。由老师接通三相电源 L_1、L_2、L_3，学生合上电源开关 QS，按下 SB_1，观察接触器 KM_1 是否吸合，松开 SB_1 接触器 KM_1 是否自锁，电动机 M 是否正转，工作台是否左移；当工作台移到左端碰撞 SQ_1 后，观察接触器 KM_1 是否释放、KM_2 是否吸合，电动机 M 是否反转，工作台是否右移；当工作台移到右端碰撞 SQ_2 后，观察接触器 KM_2 是否释放、KM_1 是否吸合，电动机 M 是否正转，工作台是否左移；按下 SB_3，观察 KM_1 或 KM_2 是否释放，电动机、工作台是否都停止。

说明：自动往返控制电路不等于位置控制电路，原理不同。

二、电动机自动往返控制电路常见故障的分析及检修

1. 主电路的故障检修

电动机自动往返控制电路主电路的故障现象和检修方法与前面任务中主电路的故障现象和检修方法相似，在此不再赘述，读者可自行分析。

2. 控制电路的故障检修

运用前面任务所学的方法自行分析并维修电动机自动往返控制电路的故障，在此仅就部分故障进行分析，见表 10-2。

表 10 - 2　电动机自动往返控制电路的故障现象、原因及处理方法

故障现象	原因分析	处理方法
控制电路时通时断，不起联锁作用	联锁触点接错，在正反转控制回路中均用自身接触器的常闭触点做联锁触点	用测电笔检查 KM_1 常闭触点或 KM_2 常闭触点的上下接线端是否有电
按下启动按钮，电路不动作	KM_1 线圈控制电路有故障	用测电笔检查 KM_1 线圈控制电路每对触点的上下接线端是否有电
电动机只能点动正转控制	正转自锁触点有故障	用测电笔检查 KM_1 自锁触点的上下接线端是否有电
按下 SB_2，KM_1 剧烈振动	联锁触点接到自身线圈的回路中	换接联锁触点
按下 SB_2，运动部件向左移动，挡铁压下行程开关 SQ_1 滚轮，接触器动作，但运动部件不返回，继续向左移动	接触器动作，说明控制接触器可以切换，问题应出在主电路电源线换相上	检查主电路电源线换相线，若有问题需换接

🖋 检查评议

对任务的实施情况进行检查，并将结果填入表 10 - 3。

表 10 - 3　任务测评表

序号	主要内容	考核要求	评分标准	配分	扣分	得分
1	电路安装检修	根据任务，按照电动机自动往返控制电路的安装步骤和工艺要求，进行电路的安装与检修	1. 按图接线，不按图接线扣 10 分 2. 元件安装正确、整齐、牢固，否则一个扣 2 分 3. 行线槽整齐美观，横平竖直、高低平齐，转角 90°，否则每处扣 2 分 4. 线头长短合适，线耳方向正确，无松动，否则每处扣 1 分 5. 配线齐全，否则一根扣 5 分 6. 编码套管安装正确，否则每处扣 1 分 7. 通电试车功能齐全，否则扣 40 分	60		

序号	主要内容	考 核 要 求	评 分 标 准	配分	扣分	得分
2	电路故障检修	人为设置隐蔽故障 3 个，根据故障现象，正确分析故障原因及故障范围，采用正确的检修方法，排除全部电路故障	1. 不能根据故障现象划出故障最小范围扣 10 分 2. 检修方法错误扣 5～10 分 3. 故障排除后，未能在电路图中用"×"标出故障点，扣 10 分 4. 只能排除 1 个故障扣 20 分，3 个故障都未能排除扣 30 分	30		
3	安全文明生产	劳动保护用品穿戴整齐；电工工具佩带齐全；遵守操作规程；尊重老师，讲文明礼貌；考试结束要清理现场	1. 操作中，违反安全文明生产考核要求的任何一项扣 2 分，扣完为止 2. 发现学生有重大事故隐患时，要立即予以制止，并每次扣安全文明生产总分 5 分	10		
合计						
开始时间：			结束时间：			

项目思考题

1. 什么是位置控制？

2. 任务实施过程中，电动机自动往返控制电路是否一次成功？若没有，出现了什么故障，是如何排除的？

3. 通电试车时，若在电动机正转（工作台向左运动）时扳动行程开关 SQ_1，电动机不反转且继续正转，原因是什么？应当如何处理？

项目 11　三相异步电动机降压启动控制电路

三相笼型异步电动机直接启动控制电路具有结构简单、经济性好、操作方便的优点，但会受到电源容量的限制。当电动机容量较大(大于 10 kW)时，启动时会产生较大的启动电流，将引起电网电压下降，因而必须采取降压启动的方法，限制启动电流。

笼型异步电动机和绕线式异步电动机的结构不同，限制启动电流的措施也不同。

所谓降压启动，是指利用启动设备或电路，降低加在电动机定子绕组上的电压来启动电动机，待电动机启动运转后，再使其电压恢复到额定值正常运行。由于电流随着电压的降低而减小，所以限制了启动电压就等于限制了启动电流。不过，由于启动力矩与每相定子绕组所加电压的平方成正比，所以降压启动的方法只适用于空载或轻载启动。

笼型异步电动机常用的降压启动方法有：定子绕组串电阻降压启动；星形－三角形降压启动；自耦变压器降压启动；延边三角形降压启动。

任务 1　三相异步电动机串电阻降压启动控制电路的安装与检修

知识目标：

1. 正确理解三相异步电动机串电阻降压启动控制电路的工作原理。
2. 能正确识读三相异步电动机串电阻降压启动控制电路的原理图、接线图和布置图。

能力目标：

1. 会按照工艺要求正确安装三相异步电动机串电阻降压启动控制电路。
2. 能根据故障现象，检修三相异步电动机串电阻降压启动控制电路。

素质目标：

养成独立思考和动手操作的习惯，培养小组协调能力和互相学习的精神。

工作任务

电动机启动时在定子绕组中串接电阻，使定子绕组的电压降低，进而限制启动电流，待电动机转速接近额定转速时，再将串接电阻短接，使电动机在额定电压下正常运行。这种启动方式由于不受电动机接线形式的限制，结构简单且经济，故获得广泛应用。本任务的主要内容是完成对时间继电器控制三相异步电动机定子绕组串电阻降压启动控制电路的安装与检修。

相关知识

为避免和减小大功率电动机启动时因启动电流过大对电网造成的冲击，根据电枢电流与电压成正比的原理，可通过降低定子绕组上启动电压的手段来降低启动电流，从而减小对电网的影响，待转速上升到一定程度后再恢复到额定电压值，使电动机在正常电压下运行。

定子绕组串联电阻启动是指在电动机启动时把电阻串接在电动机定子绕组与电源之间，通过电阻的分压作用来降低定子绕组上的启动电压，从而达到降压启动的目的。

三相异步电动机定子绕组串电阻降压启动控制电路如图 11-1 所示。

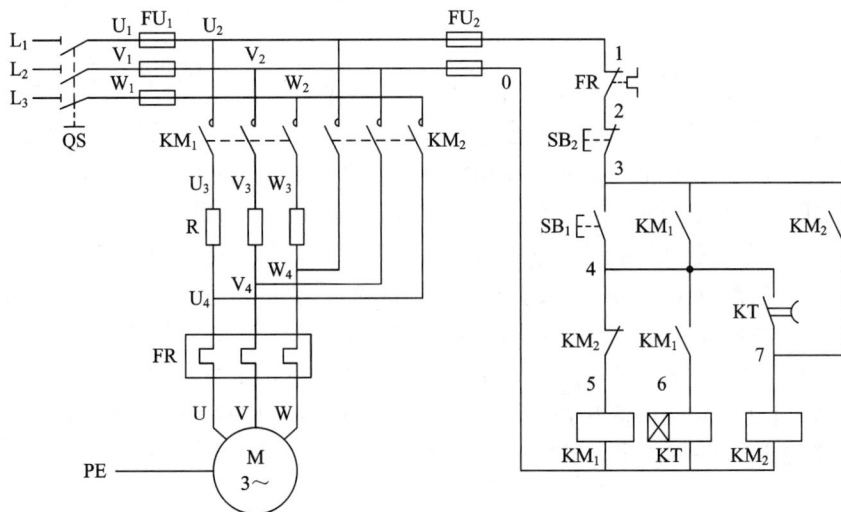

图 11-1　三相异步电动机定子绕组串电阻降压启动控制电路图

一、按钮接触器控制串电阻降压启动

1. 器件功能说明

按钮接触器控制串电阻降压启动控制电路如图 11-2 所示，图中对各器件进行了说明。

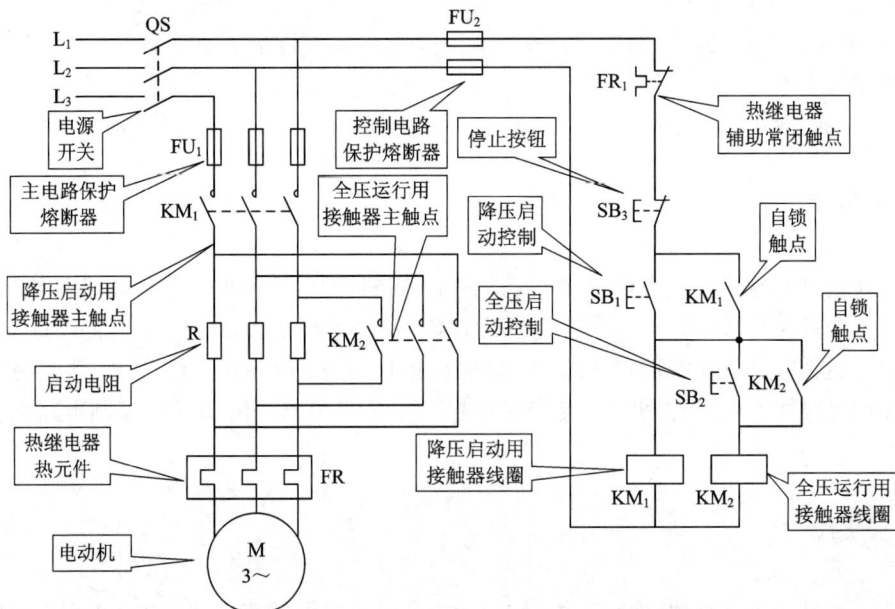

图 11-2　三相异步电动机按钮接触器控制串电阻降压启动控制电路图

2. 工作原理分析

（1）启动控制。

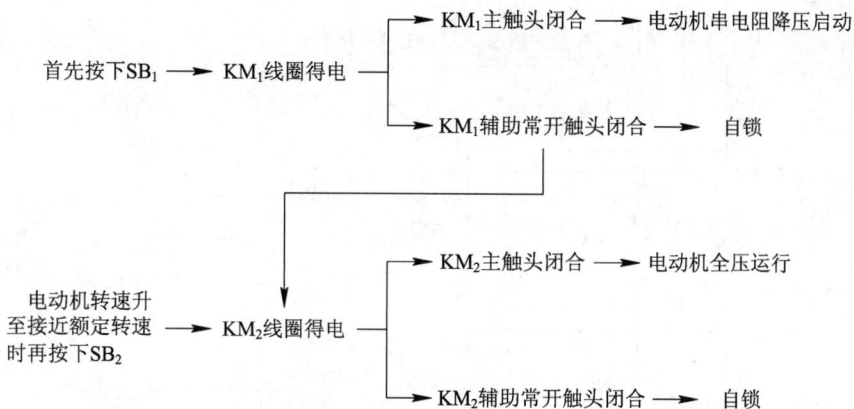

（2）停止控制。

3. 电路特点

（1）只有 KM$_1$ 线圈通电以后，KM$_2$ 线圈才能通电，即电路首先进入串电阻降压启动状态，然后才能进入全压运行状态，即 KM$_2$ 线圈不能先于 KM$_1$ 线圈获电，电路不能首先进入全压运行状态。只有这样，才能达到降压启动、全压运行的控制目的。

（2）在这个控制电路中，要先后按下两个控制按钮，电动机才能进入全压运行状态，并且运行时 KM$_1$、KM$_2$ 两线圈均处于通电工作状态。

（3）在这个控制电路的操作控制中，操作人员必须具备熟练的操作技术才能保证在恰当的时刻短接启动电阻 R，否则容易造成不良后果。短接早了，起不到降压启动的目的；短接晚了，既浪费电能又影响负载转矩。

二、时间继电器自动控制串电阻降压启动

启动电阻的短接时间由操作人员操作技术的熟练程度决定，很不准确。因此，通常采用时间继电器来自动控制启动电阻 R 的短接时间。

1. 器件功能说明

时间继电器自动控制串电阻降压启动控制电路如图 11-3 所示，图中对各器件进行了说明。

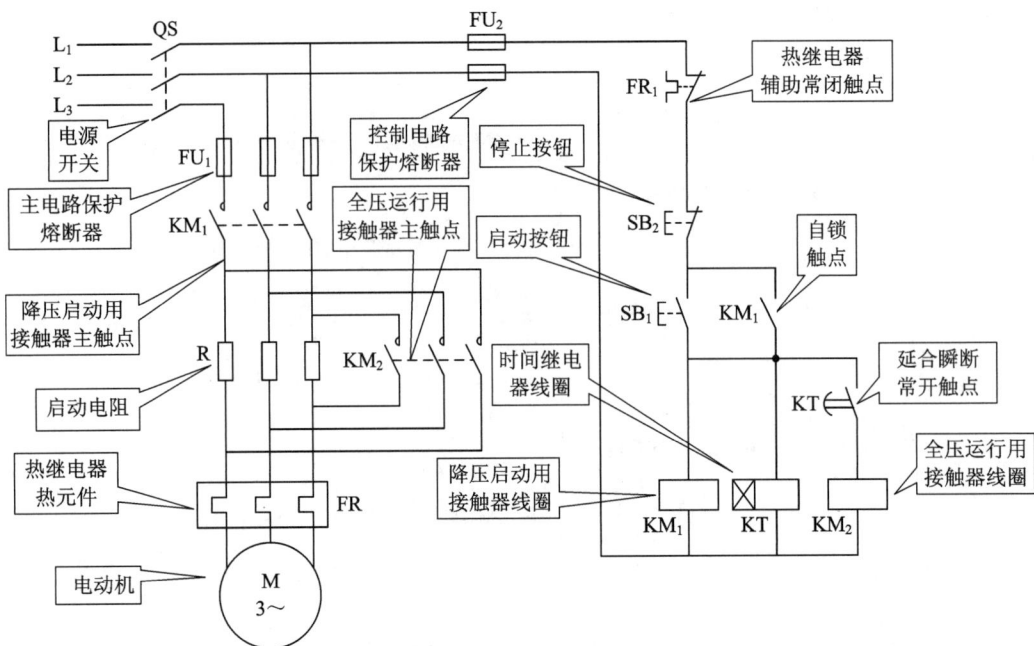

图 11-3 三相异步电动机时间继电器自动控制串电阻降压启动控制电路图

2. 工作原理

时间继电器 KT 的延时闭合常开触头代替了 SB_2 全压运行按钮，启动过程只需按一次 SB_1 启动按钮，电路就能首先进入串电阻降压启动，经过一段时间后自动进入全压运行状态。启动时间的长短由时间继电器 KT 来控制。

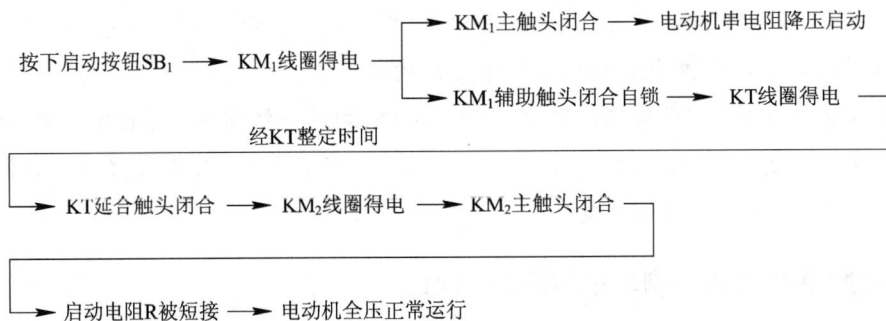

3. 电路特点

（1）时间继电器自动控制降压启动，克服了图 11-2 的电路中人工操作导致的启动时间不准确的缺点。

（2）在电动机运行过程中，所有的接触器和时间继电器均处于长期通电的工作状态，既带来能量的消耗也降低了控制电路工作的可靠性。为克服此缺点，提高电路工作的可靠性，应将电路进行改造，使之既可实现自动控制降压启动，又可实现电动机在全压正常运行时只有一只接触器工作。

✒ **任务准备**

实施本任务所使用的教学实训设备及工具材料可参考表 11 - 1。

表 11 - 1   实训设备及工具材料

序号	名　　称	型 号 规 格	单位	数量	备注
1	电工常用工具		套	1	
2	万用表	MF47 型	块	1	
3	三相四线电源	AC3×380/220 V,20 A	处	1	
4	三相异步电动机	△/Y 接法	台	1	
5	配线板	500 mm×600 mm×20 mm	块	1	
6	组合开关	HZ10—25/3	只	1	
7	接触器	CJ10—20,线圈电压 380 V,20 A	个	3	
8	熔断器 FU_1	RL1—60/25,380 V,60 A,熔体配 25 A	套	3	
9	熔断器 FU_2	RL1—15/2,380 V,15 A,熔体配 2 A	套	2	
10	热继电器	JR16—20/3,三极,20 A	只	2	
11	按钮	LA10—3H	只	1	
12	时间继电器	JS7—4A	只	1	
13	木螺钉	ϕ3×20 mm;ϕ3×15 mm	个	30	
14	平垫圈	ϕ4 mm	个	30	
15	圆珠笔	自定	支	1	
16	主电路导线	BVR—1.5,1.5 mm²(7×0.52 mm)(黑色)	m	若干	
17	控制电路导线	BVR—1.0,1.0 mm²(7×0.43 mm)	m	若干	
18	按钮线	BVR—0.75,0.75 mm²	m	若干	
19	接地线	BVR—1.5,1.5 mm²(黄绿双色)	m	若干	
20	行线槽	18 mm×25 mm	m	若干	
21	编码套管	自定	m	若干	

✵ **任务实施**

一、三相异步电动机定子绕组串电阻降压启动控制电路的安装与检修

1. 绘制元件布置图和接线图

三相异步电动机定子绕组串电阻降压启动控制电路的元件布置图和安装接线图请读者自行绘制,在此不再赘述。

2. 元器件规格、质量检查

(1)检查各元器件、耗材与表 11 - 1 中的型号规格是否一致。

（2）检查各元器件的外观是否完整无损，附件、备件是否齐全。

（3）用仪表检查各元器件和电动机的有关技术数据是否符合要求。

3. 根据元件布置图安装和固定低压电器元件

元器件检查完毕后，按照自己绘制的元件布置图安装和固定电器元件。

4. 根据电气原理图和安装接线图进行行线槽配线

元件安装完毕后，按照图 11-1 所示的原理图和自己绘制安装接线图进行板前行线槽配线。

5. 电动机的连接

按照电动机铭牌上的接线方法，正确连接接线端子，最后连接电动机的保护接地线。

6. 自检

布线完工后，必须对控制电路的正确性进行全面自检，以确保通电试车一次成功。

（1）检查控制电路，可将表棒分别搭在 U_1、V_1 线端上，读数应为"∞"；按下 SB_1 或手动模拟 KM_1 电磁吸合时，读数应为接触器 KM_1 线圈的直流电阻阻值；手动模拟 KM_2 电磁吸合时，读数应为接触器 KM_2 线圈的直流电阻阻值；按下 SB_1 且手动模拟 KM_1 电磁吸合时，读数应为 KM_1 线圈//KT 线圈的直流电阻阻值；等等。

（2）检查主电路时，先合上 QS，然后手动代替接触器受电线圈励磁吸合，再将表棒分别搭在 L_1、U，L_2、V，L_3、W 线端上，读数应为"0"。

7. 通电试车

经教师检查后，通电校验。相关要求如下：

（1）通电前，必须得到指导老师的同意，由指导老师接通电源 L_1、L_2、L_3，并在现场进行监护。

（2）学生合上电源开关 QS 后，允许用万用表（测相电压）或验电笔等检查主、控电路的熔体是否完好，但不得对电路是否正确进行带电检查。

（3）第一次按下按钮时，应短时点动，以观察电路和电动机有无异常现象。

（4）试车成功率以通电后第一次按下按钮时计算。

（5）出现故障后，学生应独立进行检修，若需带电检查，也必须有指导老师在现场监护。检修完毕再次试车，也应有教师监护，并做好本项目的记录。

二、时间继电器自动控制串电阻降压启动控制电路常见故障的分析及检修

1. 主电路的故障检修

时间继电器自动控制定子绕组串电阻降压启动控制电路主电路的故障现象和检修方法与前面任务中主电路的故障现象和检修方法相似，在此不再赘述，读者可自行分析。

2. 控制电路的故障检修

故障现象 1：按下串电阻降压启动按钮 SB_1 后，电动机不能启动，并且 KM_1 接触器不通电吸合。

故障分析：因为 KM_1 接触器不通电吸合，导致电动机无法串电阻降压启动，所以判断故障出在控制电路，故障范围如图 11-4 所示（虚线部分）。根据故障最小范围，可以用电阻测量法进行检测。检测方法是：依次检测故障范围的触头和连接的导线，即可找出故障点。

故障现象 2：按下串电阻降压启动按钮 SB_1 后，电动机能启动，但是无法切换到全压

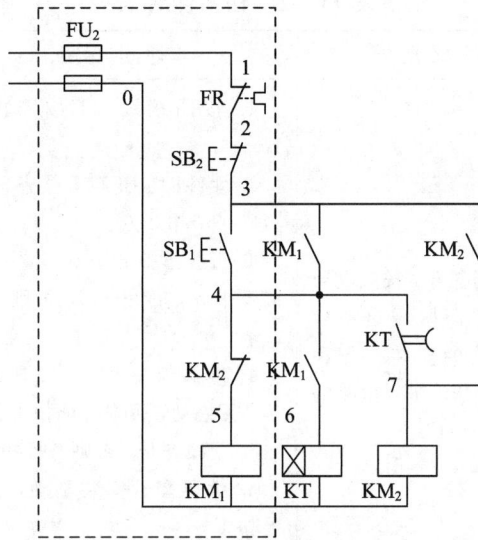

图 11 - 4　故障最小范围

运行状态。

　　故障分析：因为 KT 或 KM₂ 接触器不通电吸合，导致电动机无法切换到全压运行状态，所以判断故障出在控制电路，故障范围如图 11 - 5 所示（虚线部分）。根据故障最小范围，可以用电阻测量法进行检测。检测方法是：依次检测故障范围的触头和连接的导线，即可找出故障点。

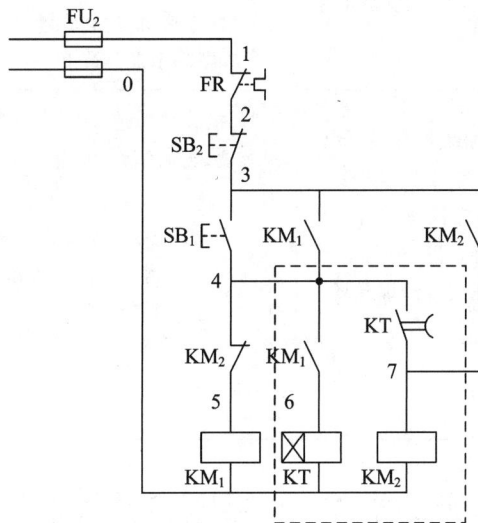

图 11 - 5　故障最小范围

检查评议

　　对任务的实施情况进行检查，并将结果填入表 11 - 2。

表 11－2　任务测评表

序号	主要内容	考核要求	评分标准	配分	扣分	得分
1	电路安装检修	根据任务，按照电动机串电阻降压启动控制电路的安装步骤和工艺要求，进行电路的安装与检修	1. 按图接线，不按图接线扣10分 2. 元件安装正确、整齐、牢固，否则一个扣2分 3. 行线槽整齐美观，横平竖直、高低平齐，转角90°，否则每处扣2分 4. 线头长短合适，线耳方向正确，无松动，否则每处扣1分 5. 配线齐全，否则一根扣5分 6. 编码套管安装正确，否则每处扣1分 7. 通电试车功能齐全，否则扣40分	60		
2	电路故障检修	人为设置隐蔽故障3个，根据故障现象，正确分析故障原因及故障范围，采用正确的检修方法，排除全部电路故障	1. 不能根据故障现象划出故障最小范围扣10分 2. 检修方法错误扣5～10分 3. 故障排除后，未能在电路图中用"×"标出故障点，扣10分 4. 只能排除1个故障扣20分，3个故障都未能排除扣30分	30		
3	安全文明生产	劳动保护用品穿戴整齐；电工工具佩带齐全；遵守操作规程；尊重老师，讲文明礼貌；考试结束要清理现场	1. 操作中，违反安全文明生产考核要求的任何一项扣2分，扣完为止 2. 发现学生有重大事故隐患时，要立即予以制止，并每次扣安全文明生产总分5分	10		
合计						
开始时间：			结束时间：			

任务 2　三相异步电动机 Y－△降压启动控制电路的安装与检修

知识目标：

1. 正确理解三相异步电动机 Y-△降压启动控制电路的工作原理。

2. 能正确识读三相异步电动机 Y-△降压启动控制电路的原理图、接线图和布置图。

能力目标：

1. 会按照工艺要求正确安装三相异步电动机 Y-△ 降压启动控制电路。

2. 能根据故障现象，检修三相异步电动机 Y-△ 降压启动控制电路。

素质目标：

养成独立思考和动手操作的习惯，培养小组协调能力和互相学习的精神。

工作任务

本任务的主要内容是完成对时间继电器控制三相异步电动机 Y-△ 降压启动控制电路的安装与检修。

相关知识

一、电动机的 Y-△ 形导线接法

1. 电动机三套绕组

三相异步电动机定子绕组如图 11-6 所示。注意：电动机端盖接线盒内并未按照绕组首尾端分布。

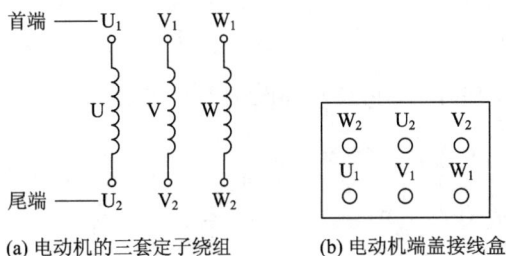

(a) 电动机的三套定子绕组　　　(b) 电动机端盖接线盒

图 11-6　三相电动机定子绕组

2. 电动机 Y 接法

三相异步电动机定子绕组 Y 形接法如图 11-7 所示。口诀：尾端相连，首端接三相电源。

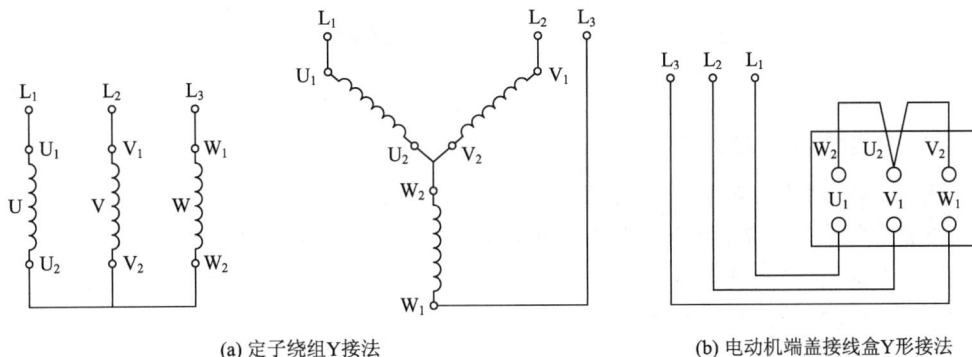

(a) 定子绕组 Y 接法　　　　　　(b) 电动机端盖接线盒 Y 形接法

图 11-7　三相异步电动机定子绕组 Y 形接线图

3. 电动机△接法

三相异步电动机定子绕组△形接法如图 11-8 所示。口诀：相邻绕组首尾相连，首端接三相电源。

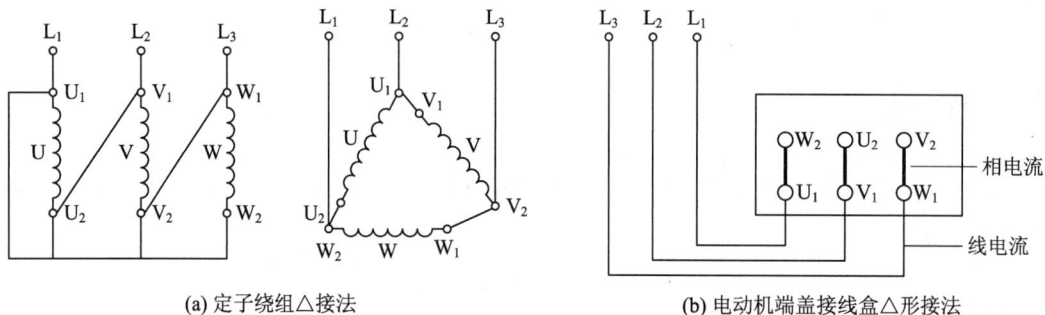

(a) 定子绕组△接法　　　　　　　(b) 电动机端盖接线盒△形接法

图 11-8　三相异步电动机定子绕组△形接线图

注意：U_1-W_2、U_2-V_1、V_2-W_1 连线流过的是电动机相电流，U_1-L_1、V_1-L_2、W_1-L_3 连线流过的是电动机线电流。区分相电流、线电流的目的是为了正确安装热继电器。

二、接触器主触头 Y-△连接

设 KM_Y、$KM_\triangle$ 分别为控制电动机 Y-△接法的接触器，KM 为控制电动机电源的接触器，暂不考虑 KM 连接。

1. Y-△控制主电路

三相异步电动机接触器 Y-△形接法如图 11-9 所示。

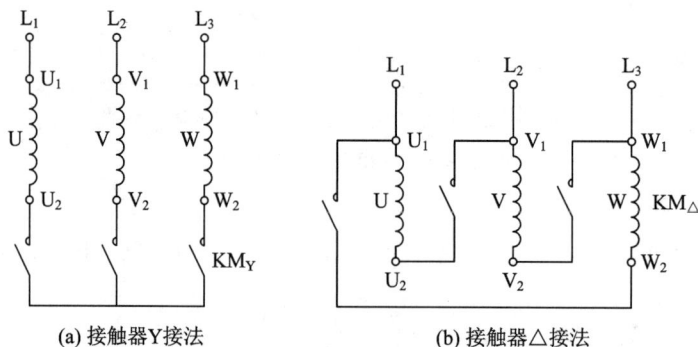

(a) 接触器Y接法　　　　　　　　(b) 接触器△接法

图 11-9　三相异步电动机接触器 Y-△形接线图

2. Y-△控制主电路原理

三相异步电动机接触器 Y-△控制主电路原理如图 11-10 所示，可以分别通过控制 KM_Y、$KM_\triangle$ 线圈来实现主触头的通断，达到电动机 Y-△接法的目的。

注意：KM_Y、$KM_\triangle$ 主触头不允许同时闭合，否则会造成主电路电源相间短路，因而在控制电路中应设接触器联锁装置。

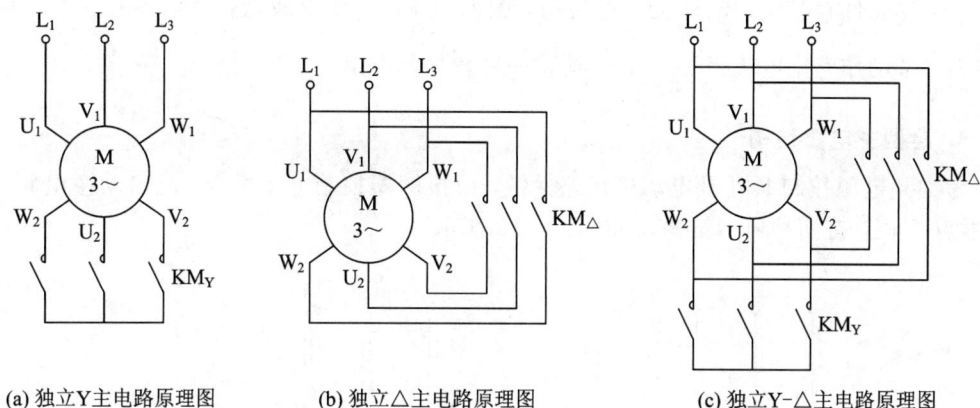

(a) 独立Y主电路原理图　　(b) 独立△主电路原理图　　(c) 独立Y-△主电路原理图

图 11 - 10　三相异步电动机接触器 Y-△主电路原理图

三、热继电器的热元件安装

由于电动机 Y 启动时间短，所以不需要用热继电器作过载保护，而在△运行时需要对电动机作过载保护。由此可以看出，安装热继电器的发热元件有两种不同接法。

1. 线回路安装

串入热元件接法如图 11 - 11(a)所示。由于 FR 热元件流过电动机的线电流，电动机的额定电流 I_{MN} 是用线电流表示的，所以对热继电器 FR 的要求是：采用带断相保护装置的三相结构热继电器，且动作整定电流等于电动机额定电流 I_{MN}。

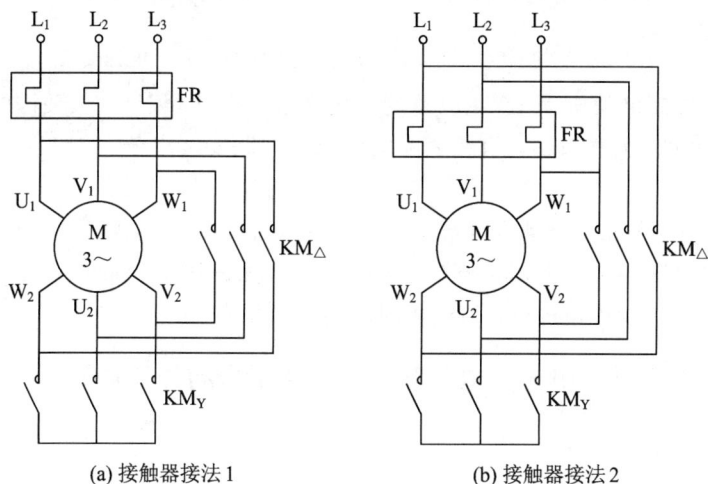

(a) 接触器接法 1　　　　　　(b) 接触器接法 2

图 11 - 11　三相异步电动机热继电器接法

2. 相回路安装

发热元件一般安装在电动机首端 U_1、V_1、W_1 处，如图 11 - 11(b)所示。与图 11 - 11(a)相比，$KM_△$ 主触头到电动机首端 U_1、V_1、W_1 连线在 FR 热元件前后移动了一下。在图 11 - 11(b)中，FR 热元件流过的电流为电动机相电流，等于 $\frac{1}{\sqrt{3}}I_{MN}$，I_{MN} 为电动机额定电流。三个热元件直接保护电动机三相绕组，因而对 FR 的要求较低：采用普通三相结构热继电器，且动作整定电流等于 $\frac{1}{\sqrt{3}}I_{MN}$。这是一种较好的方案。

3. 典型主电路结构

考虑到电源控制 KM 及电动机短路保护，由接触器控制电动机 Y-△启动主电路。按 FR 接法不同，有两种典型结构，如图 11-12 所示。

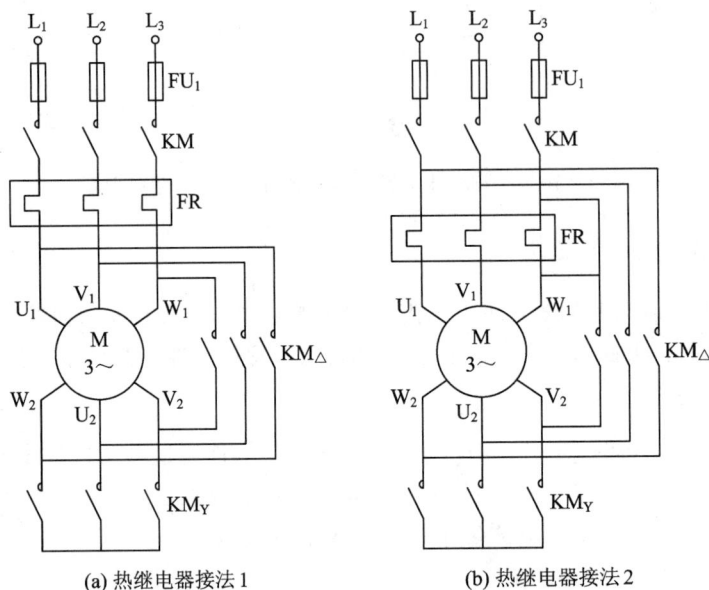

(a) 热继电器接法1   (b) 热继电器接法2

图 11-12　三相异步电动机 Y-△启动主电路热继电器接法

对于接触器控制电动机 Y-△主电路的正确理解、读图、安装，最关键的有以下两点：

（1）FR 热元件位置的安装。有相回路安装与线回路安装之分，二者对正确选用热继电器的要求也不同。

（2）电动机△形接法。电动机首端 U_1、V_1、W_1 通过 KM△ 主触头之后与尾端 U_2、V_2、W_2 依据图 11-12(a)连接，此时可不计 FR 热元件接入的影响。如果接法不正确，会造成电动机不能正常启动或缺相运行，甚至相间短路。

四、时间继电器控制三相异步电动机 Y-△降压启动控制电路

1. 器件功能说明

时间继电器控制三相异步电动机 Y-△降压启动控制电路如图 11-13 所示。该电路由三个接触器、一个热继电器、一个时间继电器和两个按钮组成。接触器 KM 做引入电源用，接触器 KM$_Y$ 和 KM△ 分别作 Y 形降压启动用和△运行用，时间继电器 KT 用作控制 Y 形降压启动时间和完成 Y-△自动切换。SB$_1$ 是启动按钮，SB$_2$ 是停止按钮，FU$_1$ 作主电路的短路保护，FU$_2$ 作控制电路的短路保护，FR 作过载保护。该电路中，接触器 KM$_Y$ 得电后，通过 KM$_Y$ 的辅助常开触头使接触器 KM 得电动作，这样 KM$_Y$ 的主触头是在无负载的条件下进行闭合的，故可延长接触器 KM$_Y$ 主触头的使用寿命。

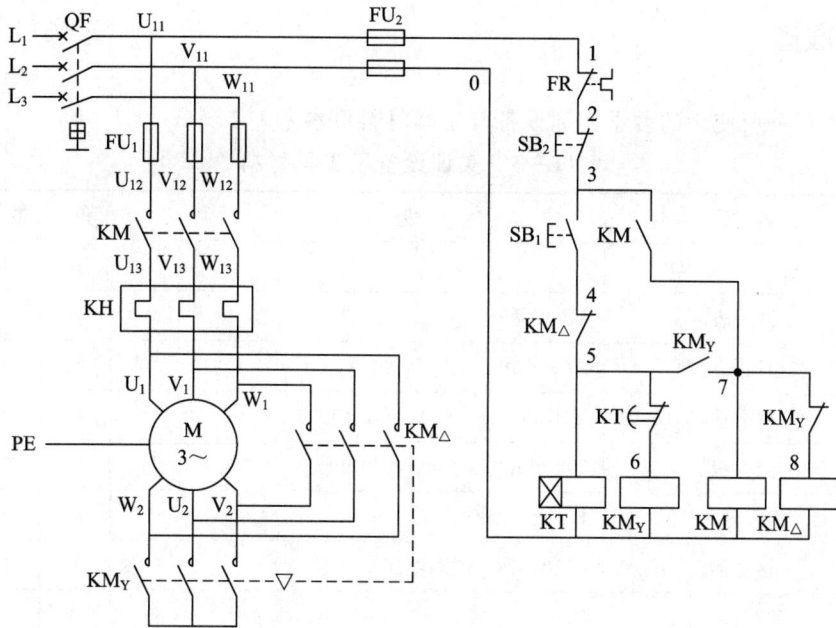

图 11-13　时间继电器控制三相异步电动机 Y-△降压启动控制电路

2. 工作原理

时间继电器控制三相异步电动机 Y-△降压启动控制电路的工作原理如下：

合上电源开关 QF。

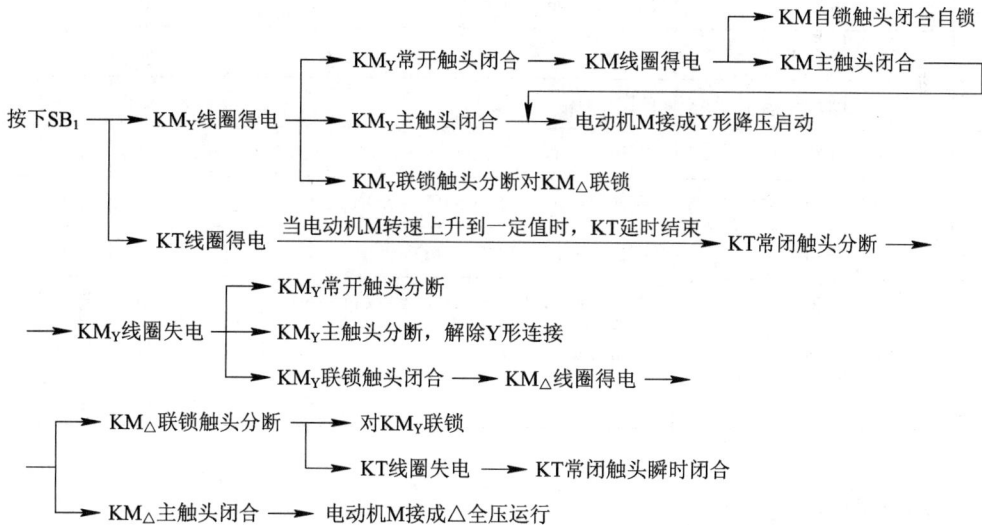

停止时，按下 SB$_2$ 即可。

任务准备

实施本任务所使用的教学实训设备及工具材料可参考表 11 - 3。

表 11 - 3　实训设备及工具材料

序号	名　称	型　号　规　格	单位	数量	备注
1	电工常用工具		套	1	
2	万用表	MF47 型	块	1	
3	三相四线电源	AC3×380/220 V，20 A	处	1	
4	三相电动机	YD160M—8/6/4；或自定	台	1	
5	配线板	500 mm×600 mm×20 mm	块	1	
6	组合开关	HZ10—25/3	只	1	
7	接触器	CJ10—20，线圈电压 380 V，20 A	个	3	
8	熔断器 FU_1	RL1—60/25，380 V，60 A，熔体配 25 A	套	3	
9	熔断器 FU_2	RL1—15/2，380 V，15 A，熔体配 2 A	套	2	
10	热继电器	JR16—20/3，三极，20 A	只	2	
11	按钮	LA10—3H	只	1	
12	时间继电器	JS7—4A	只	1	
13	木螺钉	ϕ3×20 mm；ϕ3×15 mm	个	30	
14	平垫圈	ϕ4 mm	个	30	
15	圆珠笔	自定	支	1	
16	主电路导线	BVR—1.5，1.5 mm²(7×0.52 mm)(黑色)	m	若干	
17	控制电路导线	BVR—1.0，1.0 mm²(7×0.43 mm)	m	若干	
18	按钮线	BVR—0.75，0.75 mm²	m	若干	
19	接地线	BVR—1.5，1.5 mm²(黄绿双色)	m	若干	
20	行线槽	18 mm×25 mm	m	若干	
21	编码套管	自定	m	若干	

任务实施

一、三相异步电动机 Y -△降压启动控制电路的安装与检修

1. 绘制元件布置图和接线图

根据图 11 - 13 所示的时间继电器控制三相异步电动机 Y -△降压启动控制电路原理

图，请读者自行绘制其元件布置图和安装接线图，在此不再赘述。

2. 元器件规格、质量检查

（1）检查各元器件、耗材与表 11-3 中的型号规格是否一致。

（2）检查各元器件的外观是否完整无损，附件、备件是否齐全。

（3）用仪表检查各元器件和电动机的有关技术数据是否符合要求。

3. 根据元件布置图安装和固定低压电器元件

元器件检查完毕后，按照自己绘制的元件布置图安装和固定电器元件。

4. 根据电气原理图和安装接线图进行行线槽配线

元件安装完毕后，按照图 11-13 所示的原理图和自己绘制安装接线图进行板前行线槽配线。

5. 电动机的连接

按照电动机铭牌上的接线方法，正确连接接线端子。接线时，要看清电动机出线端的标记，并掌握以下接线要点：

（1）Y 形接法，U_1、V_1、W_1 经 KM 接电源，U_2、V_2、W_2 经 KM_Y 接成一点。

（2）△接法，U_1、V_1、W_1 经 KM 接电源，U_2、V_2、W_2 经 $KM_△$ 接电源。

（3）最后连接电动机的保护接地线。

6. 自检

（1）主电路自检。

万用表打在 R×100 挡，闭合 QF 开关。

① 按下 KM，表笔分别接在 L_1-U_1；L_2-V_1；L_3-W_1，这时表针应右偏指零。

② 按下 KM_Y，表笔接在 W_2-U_2；U_2-V_2；V_2-W_2，这时表针应右偏指零。

③ 按下 $KM_△$，表笔分别接在 U_1-W_2；V_1-U_2；W_1-V_2，这时表针应右偏指零。

（2）控制电路自检。

万用表打在 R×100 或 R×1K 挡，表笔分别置于熔断器 FU_2 的 1 和 0 位置，测得 KM、KM_Y、$KM_△$、KT 线圈的阻值应均为 2 KΩ。

① 按下 SB_1，表针应右偏指在 1 KΩ 左右（接入线圈 KM_Y、KT），同时按下 KT 一段时间，指针应微微左偏指 2 KΩ（接入线圈 KT），同时按下 SB_2 或者按下 $KM_△$，指针应左偏为∞。

② 按下 KM，指针应右偏指在 1 KΩ 左右（接入线圈 KM、$KM_△$），同时按下 SB_2，指针应左偏为∞。

电路安装完毕后，在通电试车前必须经过自检。经指导教师确认无误后，方可通电试车。

7. 通电试车

自检查完成后，在教师的监护下进行通电试车。

二、三相异步电动机 Y-△降压启动控制电路常见故障的分析及检修

1. 主电路的故障检修

三相异步电动机 Y-△降压启动控制电路主电路的故障现象和检修方法与前面任务中主电路的故障现象和检修方法相似，在此不再赘述，读者可自行分析。

2. 控制电路的故障检修

运用前面任务所学的方法自行分析并维修三相异步电动机 Y-△降压启动控制电路的故障。在此仅就部分故障进行分析，详见表 11-4。

表 11-4　三相异步电动机 Y-△降压启动控制电路故障的分析及处理方法

故障现象	原因分析	处理方法
按启动按钮后电动机不能启动	1. 主回路或控制回路无电或电路不通 2. 辅助触点接触不良 3. 电源电压过低 4. 热过载继电器接触不良	1. 检查断路器、接触器及其电路，排除故障 2. 修整或更换辅助触头 3. 调高电源电压 4. 检查热过载继电器动力回路接触情况，查找二次回路控制触点
接触器触头烧坏，只能吸合断不开	1. 控制电源电压偏低，接触跳动引起烧坏 2. 负载侧短路 3. 二次回路故障 4. 触头、弹簧损坏	1. 调高电源电压 2. 断开负载，根据情况检查电路，排除故障 3. 检查二次回路故障 4. 触头弹簧退火或损坏，触头超程过小
热过载继电器经常动作	1. 热过载继电器整定值过小 2. 电动机经常过载 3. 电动机故障	1. 重新调整热过载继电器整定值 2. 找出过载原因并排除 3. 检查电机，排除故障
过载后热过载继电器不动作	1. 热过载继电器整定值远大于电动机额定值 2. 热过载继电器损坏	1. 重新调整热过载继电器整定值 2. 更换热过载继电器
启动时间太长或启动后不能投入运行	1. 时间继电器损坏 2. 时间继电器设时过长	1. 更换时间继电器 2. 重新设定时间继电器时间

检查评议

对任务的实施情况进行检查，并将结果填入表 11-5。

表 11 - 5 任务测评表

序号	主要内容	考核要求	评分标准	配分	扣分	得分
1	电路安装检修	根据任务，按照电动机降压启动控制电路的安装步骤和工艺要求，进行电路的安装与检修	1. 按图接线，不按图接线扣 10 分 2. 元件安装正确、整齐、牢固，否则一个扣 2 分 3. 行线槽整齐美观，横平竖直、高低平齐，转角 90°，否则每处扣 2 分 4. 线头长短合适，线耳方向正确，无松动，否则每处扣 1 分 5. 配线齐全，否则一根扣 5 分 6. 编码套管安装正确，否则每处扣 1 分 7. 通电试车功能齐全，否则扣 40 分	60		
2	电路故障检修	人为设置隐蔽故障 3 个，根据故障现象，正确分析故障原因及故障范围，采用正确的检修方法，排除全部电路故障	1. 不能根据故障现象划出故障最小范围扣 10 分 2. 检修方法错误扣 5～10 分 3. 故障排除后，未能在电路图中用"×"标出故障点，扣 10 分 4. 只能排除 1 个故障扣 20 分，3 个故障都未能排除扣 30 分	30		
3	安全文明生产	劳动保护用品穿戴整齐；电工工具佩带齐全；遵守操作规程；尊重老师，讲文明礼貌；考试结束要清理现场	1. 操作中，违反安全文明生产考核要求的任何一项扣 2 分，扣完为止 2. 发现学生有重大事故隐患时，要立即予以制止，并每次扣安全文明生产总分 5 分	10		
	合计					
开始时间：			结束时间：			

项目思考题

1. 任务实施过程中，按钮控制定子绕组串电阻降压启动控制电路的连接是否一次成功? 若没有，出现了什么故障，是如何排除的?

2. 试分析按钮控制定子绕组串电阻降压启动控制电路的工作原理，以及该电路的连接有哪些优点和不足。

3. 电源缺相时，为什么 Y 形启动时电动机不动，到了△形连接时，电动机却能转动

（只是声音较大）？

4. 若按下 SB$_2$ 后电动机能 Y 形启动，而一松开 SB$_2$ 电动机即停转，那么故障可能出在哪些地方？

5. Y -△启动适合什么样的电动机？分析在 Y -△启动过程中电动机绕组的连接方式。

6. 电动机启动时接成 Y 形，加在每相定子绕组上的启动电压、启动电流和启动转矩分别是△接法的多少倍？若是重载启动，则启动时间一般为多少？

7. 若按下 SB$_2$ 后电动机能 Y 形启动，但不能△运转，那么故障可能出在哪些地方？

项目 12　三相异步电动机制动控制电路

由于电动机转子惯性的缘故，异步电机从切除电源到停转有一个过程，需要一段时间。为了缩短停车时间，提高生产效率，许多机床（如万能铣床、卧式镗床、组合机床等）都要求能迅速停车和精确定位，这就要对电动机进行制动，强迫其立即停车。

机床制动停车的方式有两大类，即机械制动和电气制动。机械制动是利用机械或液压制动装置制动。电气制动是由电动机产生一个与原来旋转方向相反的力矩来实现制动。机床中常用的电气制动方式有反接制动和能耗制动。

任务 1　三相异步电动机反接制动控制电路的安装与检修

知识目标：

1. 熟悉速度继电器与三相异步电动机的连接方法。
2. 正确理解三相异步电动机反接制动控制电路的工作原理。
3. 能正确识读三相异步电动机反接制动控制电路的原理图、接线图和布置图。

能力目标：

1. 会按照工艺要求正确安装三相异步电动机反接制动控制电路。
2. 能根据故障现象，检修三相异步电动机反接制动控制电路。

素质目标：

养成独立思考和动手操作的习惯，培养小组协调能力和互相学习的精神。

工作任务

由于电机本身及生产机械转动部分的惯性，电动机断开电源后，还会继续旋转一定时间才完全停下来，这往往不能适应某些生产机械的工艺要求。同时，为了缩短停车时间，提高生产效率，也要求电动机能够迅速而准确地停车。本任务的主要内容是完成对三相异步电动机反接制动控制电路的安装与检修。

相关知识

一、反接制动原理

三相异步电动机反接制动原理如图 12-1 所示。

电路工作原理分析：图中 QS 为倒顺开关，当 QS 向上投合时，通入定子绕组的电源相序为 L_1-U、L_2-V、L_3-W 相，电动机单向正常运行；当电动机需停车时，先拉开关 QS，使电动机的三相电源断开，随后将开关 QS 迅速向下投合，通过开关对调，电源线为 L_1-V、L_2-U 相，此时旋转磁场方向因电源相序改变而反向，转子因惯性而仍按原方向旋转，产生的转矩方向与电动机转子原转动方向相反，对电动机起制动作用，使其速度迅速减慢直至为零值。但如果开关在反接制动位置停留时间过长而没有及时分断，则电动机又将进入反转状态。为了避免这种现象，在实用电路中，一般都采用速度继电器进行反接制动的自动控制。

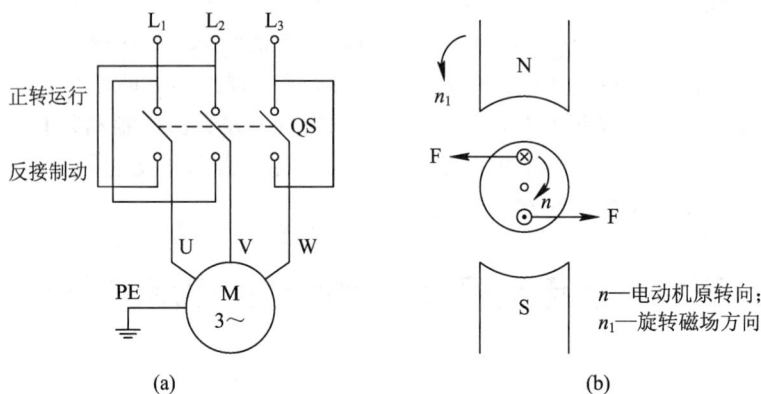

图 12-1　三相异步电动机反接制动原理图

二、速度继电器

速度继电器是一种可以按照被控电动机转速的高低来接通或断开控制电路的电器。速度继电器主要是与接触器配合使用，实现对电动机的反接制动，故又称为反接制动继电器。

1. 速度继电器的组成

前面介绍过，JY1 型速度继电器的结构主要由转子、定子和触头系统三部分组成。转子是一个圆柱形永久磁铁，能绕轴转动，且与被控电动机同轴。定子是一个笼型空心圆环，由硅钢片叠成，并装有笼型绕组。触头系统由两组转换触头组成，分别在转子正转和反转时动作。

2. 速度继电器的工作原理

速度继电器的转子是一块固定在轴上的永久磁铁，定子是浮动的且与转子同心，并能独自偏摆。速度继电器的轴与电动机轴相连，电动机旋转时，转子随之一起转动，形成旋转磁场。笼型绕组切割磁力线而产生感应电流，该电流与旋转磁场作用产生电磁转矩，使定子随转子向转子的转动方向偏摆，定子柄推动相应触头动作。定子柄推动触头的同时，也压缩反力弹簧，其反作用阻止定子继续转动。当转子的转速下降到一定数值时，电磁转矩小于反力弹簧的反作用力矩，定子返回原来位置，对应的触头恢复原始状态。一般速度继电器的触头动作转速为 120 r/min，触头复位转速在 100 r/min 以下。在连续工作中，速度继电器能可靠地工作在转速 3000～3600 r/min。调整反力弹簧的拉力即可改变触头动作的转速。

三、反接制动控制电路工作原理

使用速度继电器三相异步电动机反接制动控制电路如图 12-2 所示。

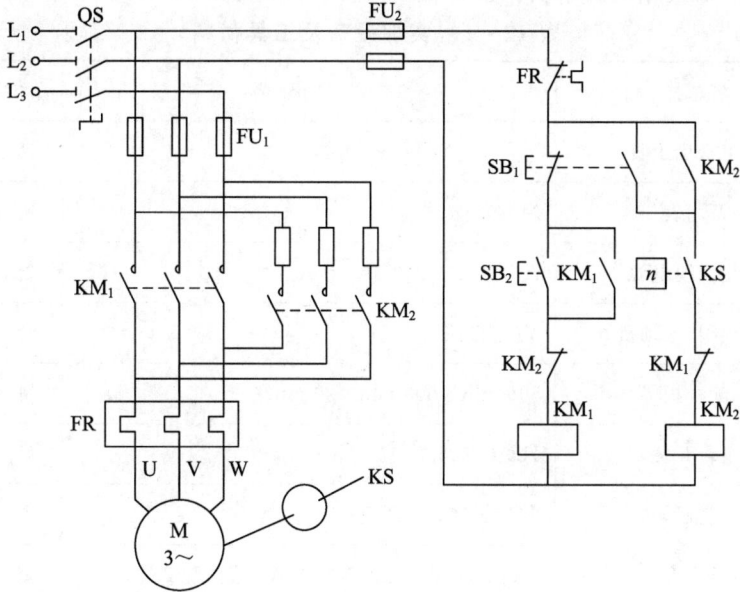

图 12-2 速度继电器控制三相异步电动机反接制动控制电路图

工作原理如下：

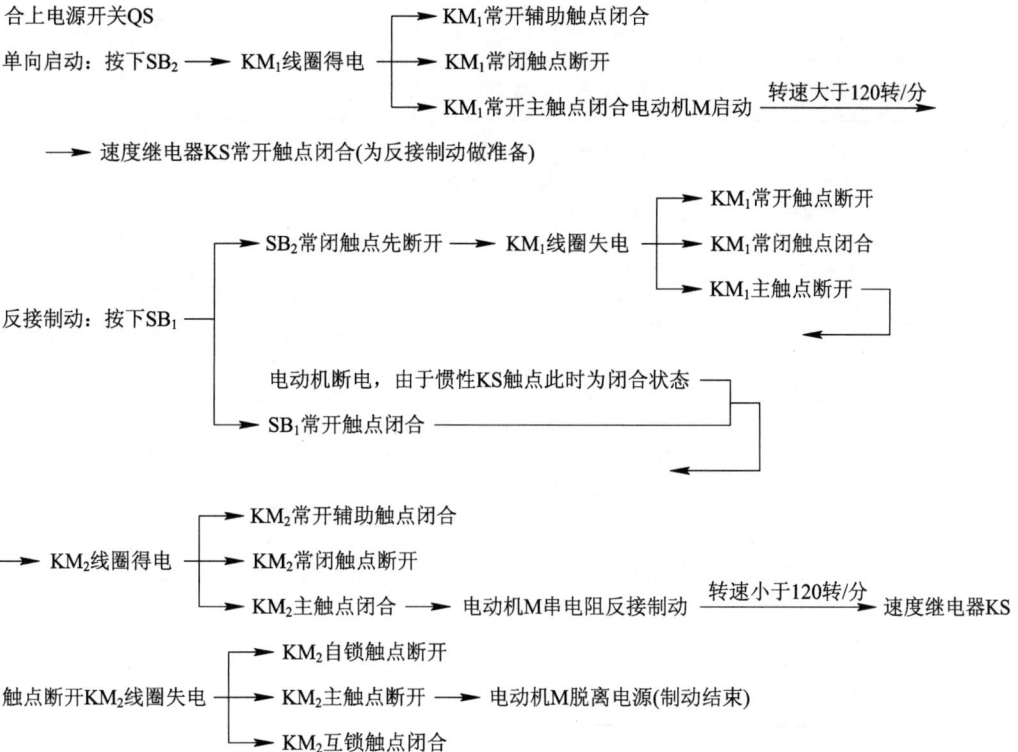

合上电源开关QS

单向启动：按下SB$_2$ —→ KM$_1$线圈得电 —→ KM$_1$常开辅助触点闭合

—→ KM$_1$常闭触点断开

—→ KM$_1$常开主触点闭合电动机M启动 $\xrightarrow{\text{转速大于120转/分}}$

—→ 速度继电器KS常开触点闭合(为反接制动做准备)

反接制动：按下SB$_1$ —→ SB$_2$常闭触点先断开 —→ KM$_1$线圈失电 —→ KM$_1$常开触点断开

—→ KM$_1$常闭触点闭合

—→ KM$_1$主触点断开

电动机断电，由于惯性KS触点此时为闭合状态

—→ SB$_1$常开触点闭合

—→ KM$_2$线圈得电 —→ KM$_2$常开辅助触点闭合

—→ KM$_2$常闭触点断开

—→ KM$_2$主触点闭合 —→ 电动机M串电阻反接制动 $\xrightarrow{\text{转速小于120转/分}}$ 速度继电器KS

触点断开KM$_2$线圈失电 —→ KM$_2$自锁触点断开

—→ KM$_2$主触点断开 —→ 电动机M脱离电源(制动结束)

—→ KM$_2$互锁触点闭合

任务准备

实施本任务所使用的教学实训设备及工具材料可参考表 12 - 1。

表 12 - 1 实训设备及工具材料

序号	名　称	型　号　规　格	单位	数量	备注
1	电工常用工具		套	1	
2	万用表	MF47 型	块	1	
3	三相四线电源	AC3×380/220 V, 20 A	处	1	
4	三相异步电动机	Y/△接法	台	1	
5	配线板	500 mm×600 mm×20 mm	块	1	
6	组合开关	HZ10—25/3	只	1	
7	接触器	CJ10—20，线圈电压 380 V, 20 A	个	3	
8	熔断器 FU₁	RL1—60/25，380 V, 60 A，熔体配 25 A	套	3	
9	熔断器 FU₂	RL1—15/2，380 V, 15 A，熔体配 2 A	套	2	
10	热继电器	JR16—20/3，三极，20 A	只	2	
11	按钮	LA10—3H	只	1	
12	时间继电器	JS7—4 A	只	1	
13	木螺钉	$\phi3×20$ mm；$\phi3×15$ mm	个	30	
14	平垫圈	$\phi4$ mm	个	30	
15	圆珠笔	自定	支	1	
16	主电路导线	BVR—1.5，1.5 mm²(7×0.52 mm)(黑色)	m	若干	
17	控制电路导线	BVR—1.0，1.0 mm²(7×0.43 mm)	m	若干	
18	按钮线	BVR—0.75，0.75 mm²	m	若干	
19	接地线	BVR—1.5，1.5 mm²(黄绿双色)	m	若干	
20	行线槽	18 mm×25 mm	m	若干	
21	编码套管	自定	m	若干	
22	速度继电器	JY1	个	1	

✿ 任务实施

一、速度继电器控制三相异步电动机反接制动控制电路的安装与检修

1. 绘制元件布置图和接线图

速度继电器控制三相异步电动机反接制动控制电路的元件布置图和安装接线图请读者自行绘制，在此不再赘述。

2. 元器件规格、质量检查

(1) 检查各元器件、耗材与表 12 - 1 中的型号规格是否一致。

(2) 检查各元器件的外观是否完整无损，附件、备件是否齐全。

(3) 用仪表检查各元器件和电动机的有关技术数据是否符合要求。

3. 根据元件布置图安装和固定低压电器元件

元器件检查完毕后，按照自己绘制的元件布置图安装和固定电器元件。

4. 根据电气原理图和安装接线图进行行线槽配线

元件安装完毕后，按照图 12 - 2 所示的原理图和自己绘制安装接线图进行板前行线槽配线。

5. 电动机的连接

按照电动机铭牌上的接线方法，正确连接接线端子，最后连接电动机的保护接地线。

6. 自检

电路安装完毕后，在通电试车前必须经过自检。经指导教师确认无误后，方可通电试车。

7. 通电试车

在教师的监护下进行通电试车。

二、速度继电器控制电动机反接制动控制电路常见故障的分析及检修

1. 主电路的故障检修

速度继电器控制三相异步电动机反接制动控制电路主电路的故障现象和检修方法与前面任务中主电路的故障现象和检修方法相似，在此不再赘述，读者可自行分析。

2. 控制电路的故障检修

故障现象 1：电路上电后，按下启动按钮 SB_2，接触器 KM_1 不吸合。

故障分析：采用逻辑分析法对故障现象进行分析，可知故障最小范围，如图 12 - 3 所示(虚线部分)。可以采用验电笔测量法进行检测。检测方法是：首先断开 KM_1 的辅助常闭

触头，切断回路电源，然后分别用验电笔检测故障最小范围的触头和连接的导线，即可找出故障点。

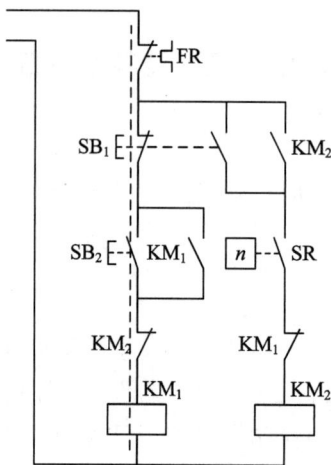

图 12 - 3 故障最小范围

故障现象 2：按下停止按钮 SB$_1$，KM$_2$ 不吸合。

故障分析：采用逻辑分析法对故障现象进行分析，可知故障最小范围，如图 12 - 4 所示（虚线部分）。可以采用电压测量法和验电笔测量法进行检测。首先断开接触器 KM$_1$ 线圈控制回路，切断回路电源，其他具体检测步骤可参照前面任务介绍的方法，在此不再赘述。

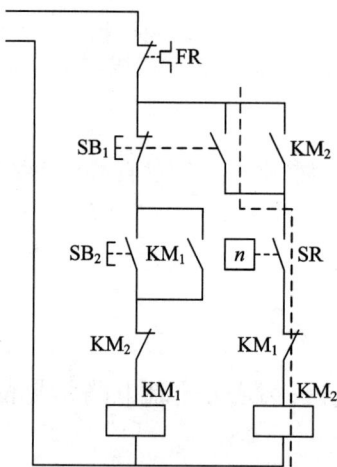

图 12 - 4 故障最小范围

检查评议

对任务的实施情况进行检查，并将结果填入表 12 - 2。

表 12 - 2　任务测评表

序号	主要内容	考核要求	评分标准	配分	扣分	得分
1	电路安装检修	根据任务,按照电动机反接制动控制电路的安装步骤和工艺要求,进行电路的安装与检修	1. 按图接线,不按图接线扣10分 2. 元件安装正确、整齐、牢固,否则一个扣2分 3. 行线槽整齐美观、横平竖直、高低平齐,转角90°,否则每处扣2分 4. 线头长短合适,线耳方向正确,无松动,否则每处扣1分 5. 配线齐全,否则一根扣5分 6. 编码套管安装正确,否则每处扣1分 7. 通电试车功能齐全,否则扣40分	60		
2	电路故障检修	人为设置隐蔽故障3个,根据故障现象,正确分析故障原因及故障范围,采用正确的检修方法,排除全部电路故障	1. 不能根据故障现象划出故障最小范围扣10分 2. 检修方法错误扣5～10分 3. 故障排除后,未能在电路图中用"×"标出故障点,扣10分 4. 只能排除1个故障扣20分,3个故障都未能排除扣30分	30		
3	安全文明生产	劳动保护用品穿戴整齐;电工工具佩带齐全;遵守操作规程;尊重老师,讲文明礼貌;考试结束要清理现场	1. 操作中,违反安全文明生产考核要求的任何一项扣2分,扣完为止 2. 当发现学生有重大事故隐患时,要立即予以制止,并每次扣安全文明生产总分5分	10		
合计						
开始时间:			结束时间:			

任务 2　三相异步电动机能耗制动控制电路的安装与检修

知识目标:

1. 正确理解三相异步电动机能耗制动控制电路的工作原理。

2. 能正确识读三相异步电动机能耗制动控制电路的原理图、接线图和布置图。

能力目标：

1. 会按照工艺要求正确安装三相异步电动机能耗制动控制电路。

2. 能根据故障现象，检修三相异步电动机能耗制动控制电路。

素质目标：

养成独立思考和动手操作的习惯，培养小组协调能力和互相学习的精神。

工作任务

本任务要求查阅本任务有关资料，通过讨论、协商制定实施任务的计划和分工，完成三相异步电动机能耗制动控制电路的安装调试，并做好工作记录和工作评价。

相关知识

一、电机能耗制动的原理

电机停止按钮被按下后，电机断开三相电源做惯性运行，在定子绕组通入半波直流电源，使之产生固定磁场并与定子相切割，产生感应直流电，此直流电在磁场中受力与旋转方向相反，进而使电动机制动。能耗制动原理如图 12-5 所示。

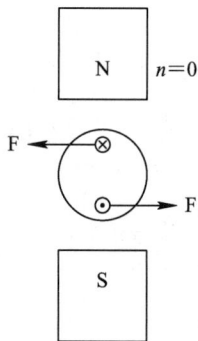

图 12-5　能耗制动原理图

二、时间继电器控制三相异步电动机能耗制动控制电路的组成及保护

1. 能耗制动控制电路的组成

M 为电动机，KM_1 为电机控制接触器，KM_2 为制动用接触器，FR 为热继电器、SB_1 和 SB_2 为控制按钮，KT 为时间继电器，R 为制动电阻。

2. 保护功能

短路保护由 QS 空气开关，FU_1、FU_2 熔断器实现。

过载保护由 FR 热继电器实现。

欠压保护由 KM_1、KM_2 接触器实现。

零位保护由 KM_1、KM_2 接触器实现。

联锁保护由 KM_1、KM_2 接触器实现。

三、时间继电器控制三相异步电动机能耗制动控制电路的工作原理

时间继电器控制三相异步电动机能耗制动控制电路如图 12-6 所示。

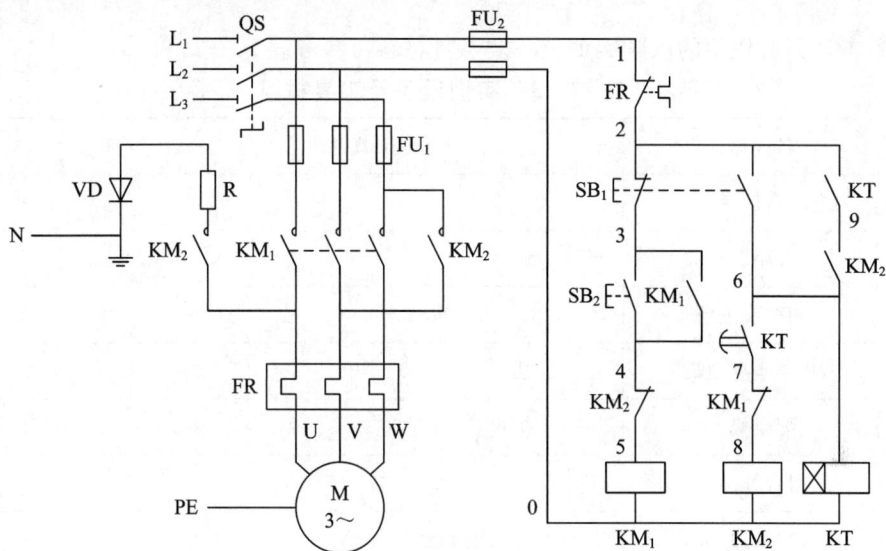

图 12-6　时间继电器控制三相异步电动机能耗制动控制电路图

1. 启动控制

按下 SB_2 ⟶ KM_1 线圈得电 ⟶ KM_1 自锁触头闭合自锁

⟶ KM_1 主触头闭合 ⟶ 电动机启动运行

⟶ KM_1 联锁触头分断对 KM_2 联锁

2. 能耗制动

按下 SB_1 ⟶ SB_1 常闭触头断开 ⟶ KM_1 线圈失电 ⟶ KM_1 常开触头解除自锁

⟶ KM_1 主触头断开

⟶ KM_1 常闭触头闭合解除 KM_2 联锁

SB_1 常开触头闭合 ⟶ KM_2 线圈得电 ⟶ KM_2 常闭触头断开对 KM_1 联锁

⟶ KM_2 主触头闭合

⟶ KM_2 常开触头闭合自锁 ⟶ 电动机 M 接入直流电能耗制动

⟶ KT 线圈得电 ⟶ KT 常开触头瞬间得电自锁 ⟶ KT 常闭触头延时分断

⟶ KM_2 线圈失电 ⟶ KM_2 连锁触头解除自锁

⟶ KM_2 主触头断开 ⟶ 电机 M 切断直流电源并停转(能耗制动结束)

⟶ KM_2 自锁触头断开 ⟶ KT 线圈失电 ⟶ KT 触头复位

由以上分析可知，只要调整好时间继电器 KT 触头的动作时间，电机能耗制动控制就能够准确可靠地完成制动。

任务准备

实施本任务所使用的教学实训设备及工具材料可参考表 12-3。

表 12-3　实训设备及工具材料

序号	名　称	型　号　规　格	单位	数量	备注
1	电工常用工具		套	1	
2	万用表	MF47 型	块	1	
3	三相四线电源	AC3×380/220 V，20 A	处	1	
4	三相异步电动机	Y/△接法	台	1	
5	配线板	500 mm×600 mm×20 mm	块	1	
6	组合开关	HZ10—25/3	只	1	
7	接触器	CJ10—20，线圈电压 380 V，20 A	个	3	
8	熔断器 FU$_1$	RL1—60/25，380 V，60 A，熔体配 25 A	套	3	
9	熔断器 FU$_2$	RL1—15/2，380 V，15 A，熔体配 2 A	套	2	
10	热继电器	JR16—20/3，三极，20 A	只	2	
11	按钮	LA10—3H	只	1	
12	时间继电器	JS7—4A	只	1	
13	木螺钉	$\phi 3 \times 20$ mm；$\phi 3 \times 15$ mm	个	30	
14	平垫圈	$\phi 4$ mm	个	30	
15	圆珠笔	自定	支	1	
16	主电路导线	BVR—1.5，1.5 mm^2（7×0.52 mm）（黑色）	m	若干	
17	控制电路导线	BVR—1.0，1.0 mm^2（7×0.43 mm）	m	若干	
18	按钮线	BVR—0.75，0.75 mm^2	m	若干	
19	接地线	BVR—1.5，1.5 mm^2（黄绿双色）	m	若干	
20	行线槽	18 mm×25 mm	m	若干	
21	编码套管	自定	m	若干	
22	二极管		个	1	

任务实施

一、时间继电器控制电动机能耗制动控制电路的安装与检修

1. 绘制元件布置图和接线图

根据图 12 - 6 所示的时间继电器控制三相异步电动机能耗制动控制电路原理图，请读者自行绘制其元件布置图和安装接线图，在此不再赘述。

2. 元器件规格、质量检查

(1) 检查各元器件、耗材与表 12 - 3 中的型号规格是否一致。

(2) 检查各元器件的外观是否完整无损，附件、备件是否齐全。

(3) 用仪表检查各元器件和电动机的有关技术数据是否符合要求。

3. 根据元件布置图安装和固定低压电器元件

元器件检查完毕后，按照自己绘制的元件布置图安装和固定电器元件。

4. 根据电气原理图和安装接线图进行行线槽配线

元件安装完毕后，按照如图 12 - 6 所示的原理图和自己绘制的安装接线图进行板前行线槽配线。

5. 电动机的连接

按照电动机铭牌上的接线方法，正确连接接线端子。接线时，要看清电动机出线端的标记，最后连接电动机的保护接地线。

6. 自检

电路安装完毕后，在通电试车前必须经过自检。经指导教师确认无误后，方可通电试车。自检的方法及步骤请读者自行分析，在此不再赘述。

7. 通电试车

在指导教师的监护下进行通电试车。

二、时间继电器控制电动机能耗制动控制电路常见故障的分析及检修

1. 主电路的故障检修

主电路的故障现象和检修方法与前面任务中主电路的故障现象和检修方法相似，在此不再赘述，读者可自行分析。

2. 控制电路的故障检修

运用前面任务所学的方法，请读者自行分析并维修时间继电器控制电动机能耗制动控制电路的故障。在此仅就部分故障进行分析，见表 12 - 4。

表 12-4　时间继电器控制电动机能耗制动控制电路的故障分析及处理方法

故障现象	原因分析	处理方法
电动机不能启动	1. 按下 SB$_2$ 后，KM$_1$ 不动作，可能的故障点在电源电路及 FU$_2$、FR 和 1、2、3、4、5 号导线 2. 按下 SB$_1$ 后，KM$_1$ 动作，可能的故障点在电动机主电路	1. 用测电笔检查电源电路中 QS 的上下接线桩是否有电，若没有电，则故障在电源 2. 用测电笔检查 FU$_2$ 和常闭触头的上下接线端是否有电，故障点在有电与无电之间 3. 用测电笔检查 FU$_1$ 的上下接线端是否有电
电动机无法制动	电动机启动正常，但按下 SB$_1$ 后电动机无法制动，故障点可能在 KT 线圈通电电路和 KM$_2$ 通电电路	若 KT 不通电，检查 KT 线圈的进出线端是否松动或断线；若 KM$_2$ 不通电，则检查 6、7、8、0 号导线或之间器件的好坏

✐ 检查评议

对任务的实施情况进行检查，并将结果填入表 12-5。

表 12-5　任务测评表

序号	主要内容	考核要求	评分标准	配分	扣分	得分
1	电路安装检修	根据任务，按照电动机能耗制动控制电路的安装步骤和工艺要求，进行电路的安装与检修	1. 按图接线，不按图接线扣10 分 2. 元件安装正确、整齐、牢固，否则一个扣 2 分 3. 行线槽整齐美观，横平竖直、高低平齐，转角 90°，否则每处扣 2 分 4. 线头长短合适，线耳方向正确，无松动，否则每处扣 1 分 5. 配线齐全，否则一根扣 5 分 6. 编码套管安装正确，否则每处扣 1 分 7. 通电试车功能齐全，否则扣40 分	60		
2	电路故障检修	人为设置隐蔽故障 3 个，根据故障现象，正确分析故障原因及故障范围，采用正确的检修方法，排除全部电路故障	1. 不能根据故障现象划出故障最小范围扣 10 分 2. 检修方法错误扣 5～10 分 3. 故障排除后，未能在电路图中用"×"标出故障点，扣 10 分 4. 只能排除 1 个故障扣 20 分，3 个故障都未能排除扣 30 分	30		

续表

序号	主要内容	考 核 要 求	评 分 标 准	配分	扣分	得分
3	安全文明生产	劳动保护用品穿戴整齐；电工工具佩带齐全；遵守操作规程；尊重老师，讲文明礼貌；考试结束要清理现场	1. 操作中，违反安全文明生产考核要求的任何一项扣 2 分，扣完为止 2. 发现学生有重大事故隐患时，要立即予以制止，并每次扣安全文明生产总分 5 分	10		
			合计			
开始时间：			结束时间：			

项目思考题

1. 任务实施中，电动机反接制动控制电路的连接是否一次成功？若没有，出现了什么故障，是如何排除的？

2. 反接制动使电机停转后，若不及时断开开关 QS，会出现什么现象？

3. 任务实施中，电动机能耗制动控制电路的连接是否一次成功？若没有，出现了什么故障，是如何排除的？

4. 简述反接制动的原理。

5. 简述能耗制动的原理。

项目 13　多速异步电动机控制电路

在实际的机械加工生产中，许多生产机械为了适应各种工件加工工艺的要求，主轴需要有较大的调速范围，常采用的方法主要有两种：一种是通过变速箱机械调速；另一种是通过电动机调速。

由三相异步电动机的转速公式 $n=(1-s)60f_1/p$ 可知，改变异步电动机转速可通过三种方法来实现：一是改变电源频率 f_1；二是改变转差率 s；三是改变磁极对数 p。

改变异步电动机的磁极对数调速称为变极调速。变极调速是通过改变定子绕组的连接方式来实现的，它是有级调速，且只适用于笼型异步电动机。凡磁极对数可改变的电动机都称为多速电动机。常见的多速电动机有双速、三速、四速等几种类型。但随着变频技术的快速发展和变频设备价格的快速下降，变频调速的使用量逐步增加，而多速电动机变极调速的使用量在逐步减少。本项目仅介绍双速和三速异步电动机的控制电路。

任务 1　双速异步电动机控制电路的安装与检修

知识目标：

1. 熟悉双速异步电动机的定子绕组连接图。

2. 正确理解双速异步电动机控制电路的工作原理。

3. 能正确识读双速异步电动机控制电路的原理图、接线图和布置图。

能力目标：

1. 会按照工艺要求正确安装双速异步电动机控制电路。

2. 能根据故障现象，检修双速异步电动机控制电路。

素质目标：

养成独立思考和动手操作的习惯，培养小组协调能力和互相学习的精神。

🖊 **工作任务**

利用改变定子绕组连接方式的方法进行调速的异步电动机称为多速电动机。其中，双速异步电动机应用广泛，也比较经济，其调速方法有△－YY 变极调速和 Y－YY 变极调速。本任务的主要内容是完成对时间继电器控制双速异步电动机控制电路的安装与检修。

相关知识

一、△-YY变极调速

双速电动机定子绕组共有 6 个出线端，通过改变 6 个出线端与电源的连接方式，就可以得到两种不同的转速。双速电动机三相定子绕组△-YY 接线如图 13-1 所示。低速时接成△接法，磁极为 4 极，同步转速为 1500 r/min；高速时接成 YY 接法，磁极为 2 极，同步转速为 3000 r/min。可见，双速电动机高速运转时的转速是低速运转转速的两倍。

对于△-YY 连接的双速电动机，其变极调速前后的输出功率基本不变，因而适用于负载功率基本恒定的恒功率调速，如普通金属切削机床等机械。

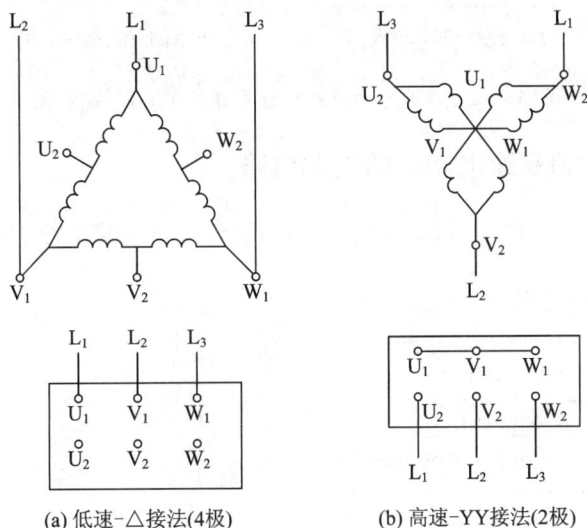

(a) 低速-△接法(4极)　　　(b) 高速-YY接法(2极)

图 13-1　双速电动机三相定子绕组△-YY 接线图

二、Y-YY变极调速

双速电动机三相定子绕组 Y-YY 接线如图 13-2 所示。当 U_1、V_1、W_1 接到三相交流电源时，三相绕组为 Y 连接，$2p=4$；如果将 U_1、V_1、W_1 连接在一起，将 U_2、V_2、W_2 接到电源上，则三相绕组成为 Y 连接，$2p=2$。对于 Y-YY 连接的双速电动机，其变极调速前后的输出转矩基本不变，因而适用于负载转矩基本恒定的恒转矩调速，如起重机、带式运输机等机械。

值得注意的是，双速电动机定子绕组从一种接法变为另一种接法时，必须把电源相序反接，以保证电动机的旋转方向不变。

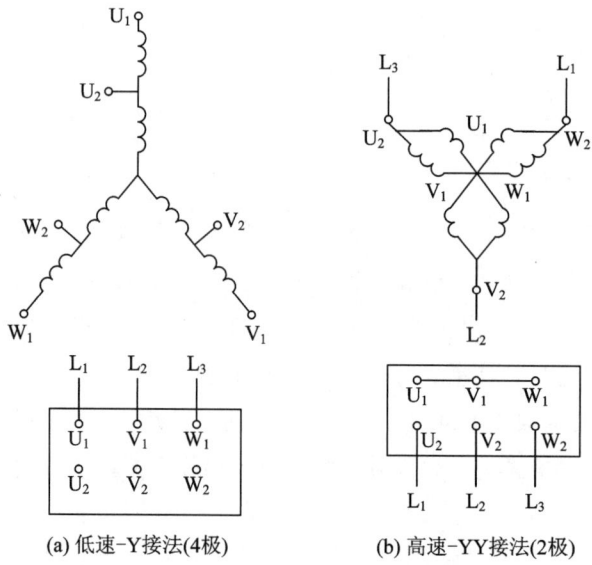

(a) 低速-Y接法(4极) (b) 高速-YY接法(2极)

图 13 - 2　双速电动机三相定子绕组 Y - YY 接线图

三、时间继电器控制双速电动机的控制电路

时间继电器控制双速电动机(低速启动高速运转)控制电路如图 13 - 3 所示。

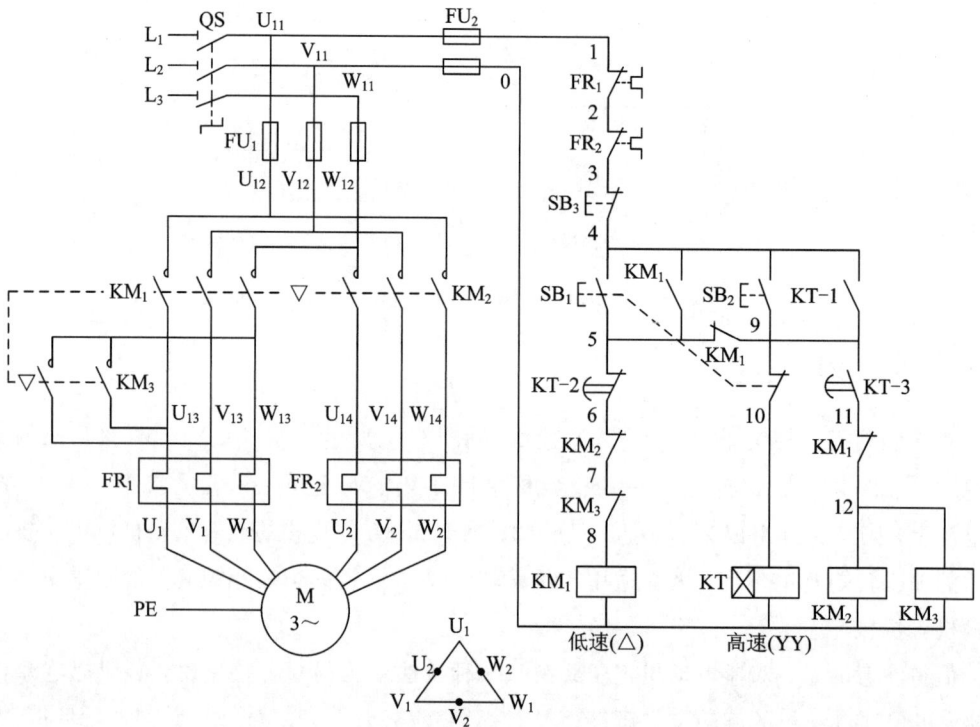

图 13 - 3　时间继电器控制双速电动机控制电路图

工作原理如下：

1. 低速启动运行控制

合上电源开关 QS。

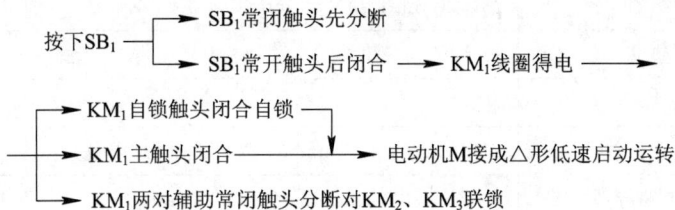

按下SB₁ ─┬─▶ SB₁常闭触头先分断
　　　　 └─▶ SB₁常开触头后闭合 ──▶ KM₁线圈得电 ──▶

─┬─▶ KM₁自锁触头闭合自锁
　├─▶ KM₁主触头闭合 ──▶ 电动机M接成△形低速启动运转
　└─▶ KM₁两对辅助常闭触头分断对KM₂、KM₃联锁

2. 高速运行控制

按下SB₂ ──▶ KT线圈得电 ──▶ KT-1常开触头瞬时闭合自锁经过一段时间延时后 ──▶

─┬─▶ KT-2先分断 ──▶ KM₁线圈失电 ─┬─▶ KM₁常开触头均分断
　│　　　　　　　　　　　　　　　　 └─▶ KM₁常闭触头恢复闭合 ──▶
　└─▶ KT-3后闭合

──▶ KM₂、KM₃线圈得电 ─┬─▶ KM₂、KM₃主触头闭合 ──▶ 电动机M接成YY形高速运转
　　　　　　　　　　　　 └─▶ KM₂、KM₃联锁触头分断对KM₁联锁

3. 停止控制

停止时，按下 SB₃ 即可。若电动机只需高速运转，可直接按下 SB₂，则电动机△形低速启动后，YY形高速运转。

✎任务准备

实施本任务所使用的教学实训设备及工具材料可参考表 13 - 1。

表 13 - 1　实训设备及工具材料

序号	名　称	型 号 规 格	单位	数量	备注
1	电工常用工具		套	1	
2	万用表	MF47 型	块	1	
3	三相四线电源	AC3×380/220 V，20 A	处	1	
4	双速电动机	△-YY 接法；或自定	台	1	
5	配线板	500 mm×600 mm×20 mm	块	1	
6	组合开关	HZ10—25/3	只	1	
7	接触器	CJ10—20，线圈电压 380 V，20 A	个	3	
8	熔断器 FU₁	RL1—60/25，380 V，60 A，熔体配 25 A	套	3	
9	熔断器 FU₂	RL1—15/2，380 V，15 A，熔体配 2 A	套	2	
10	热继电器	JR16—20/3，三极，20 A	只	2	
11	按钮	LA10—3H	只	1	

序号	名　称	型 号 规 格	单位	数量	备注
12	时间继电器	JS7—4A	只	1	
13	木螺钉	$\phi 3 \times 20$ mm；$\phi 3 \times 15$ mm	个	30	
14	平垫圈	$\phi 4$ mm	个	30	
15	圆珠笔	自定	支	1	
16	主电路导线	BVR—1.5，1.5 mm² (7×0.52 mm)(黑色)	m	若干	
17	控制电路导线	BVR—1.0，1.0 mm² (7×0.43 mm)	m	若干	
18	按钮线	BVR—0.75，0.75 mm²	m	若干	
19	接地线	BVR—1.5，1.5 mm² (黄绿双色)	m	若干	
20	行线槽	18 mm×25 mm	m	若干	
21	编码套管	自定	m	若干	

任务实施

一、时间继电器控制双速电动机控制电路的安装与检修

1. 绘制元件布置图和接线图

时间继电器控制双速电动机控制电路的元件布置图和安装接线图请读者自行绘制，在此不再赘述。

2. 元器件规格、质量检查

（1）检查各元器件、耗材与表 13 - 1 中的型号规格是否一致。

（2）检查各元器件的外观是否完整无损，附件、备件是否齐全。

（3）用仪表检查各元器件和电动机的有关技术数据是否符合要求。

3. 根据元件布置图安装和固定低压电器元件

元器件检查完毕后，按照自己绘制的元件布置图安装和固定电器元件。

4. 根据电气原理图和安装接线图进行行线槽配线

元件安装完毕后，按照如图 13 - 3 所示的原理图和自己绘制的安装接线图进行板前行线槽配线。

5. 电动机的连接

按照电动机铭牌上的接线方法，正确连接接线端子，最后连接电动机的保护接地线。

6. 自检

电路安装完毕后，在通电试车前必须经过自检。经指导教师确认无误后，方可通电试车。自检方法请读者根据前面任务所学，自行分析，在此不再赘述。

7. 通电试车

学生完成自检后,在教师的监护下进行通电试车。

二、时间继电器控制双速电动机控制电路常见故障的分析及检修

1. 主电路的故障检修

时间继电器控制双速电动机控制电路主电路的故障现象和检修方法与前面任务中主电路的故障现象和检修方法相似,在此不再赘述,读者可自行分析。

2. 控制电路的故障检修

故障现象 1:按下低速启动按钮 SB₁ 后,电动机低速不能启动;按下高速启动按钮 SB₂时,电动机仍然不能低速启动,5 s 后,电动机直接转入高速启动运行。

故障分析:采用逻辑分析法对故障现象进行分析,可知故障最小范围,如图 13-4 所示(虚线部分)。可以采用验电笔测量法进行检测。首先断开 KM₁(5-9)的辅助常闭触头,切断回路电源,然后分别用验电笔检测故障最小范围的触头和连接的导线,即可找出故障点。

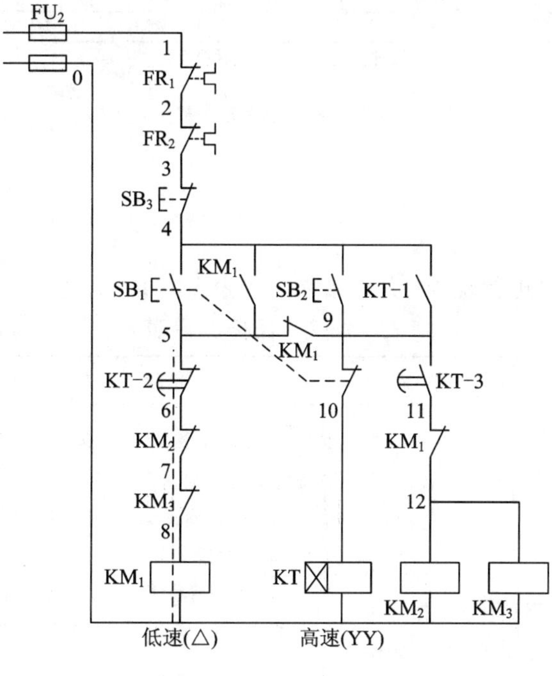

图 13-4 故障最小范围

故障现象 2:按下低速启动按钮 SB₁ 后,电动机低速启动运行正常;按下高速启动按钮 SB₂ 时,KM₁、KT 不动作,电动机不能低速启动,5 s 后,电动机不能转入高速启动运行。

故障分析:采用逻辑分析法对故障现象进行分析,可知故障最小范围,如图 13-5 所示(虚线部分)。可以采用电压测量法和验电笔测量法进行检测。首先断开接触器 KM₁ 线圈控制回路,切断回路电源,其他具体检测步骤可参照前面任务所介绍的方法,在此不再

赘述。

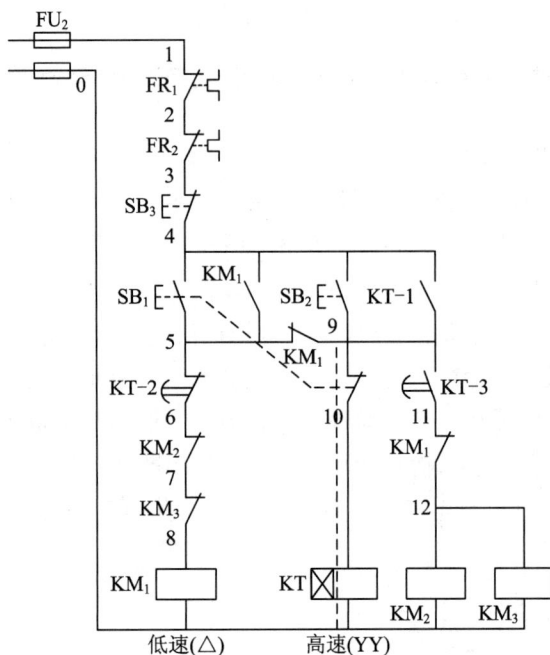

图 13-5 故障最小范围

检查评议

对任务的实施情况进行检查，并将结果填入表 13-2。

表 13-2 任务测评表

序号	主要内容	考 核 要 求	评 分 标 准	配分	扣分	得分
1	电路安装检修	根据任务，按照时间继电器控制双速异步电动机控制电路的安装步骤和工艺要求，进行电路的安装与检修	1. 按图接线，不按图接线扣10分 2. 元件安装正确、整齐、牢固，否则一个扣2分 3. 行线槽整齐美观，横平竖直、高低平齐，转角90°，否则每处扣2分 4. 线头长短合适，线耳方向正确，无松动，否则每处扣1分 5. 配线齐全，否则一根扣5分 6. 编码套管安装正确，否则每处扣1分 7. 通电试车功能齐全，否则扣40分	60		

续表

序号	主要内容	考核要求	评分标准	配分	扣分	得分
2	电路故障检修	人为设置隐蔽故障 3 个，根据故障现象，正确分析故障原因及故障范围，采用正确的检修方法，排除全部电路故障	1. 不能根据故障现象划出故障最小范围扣 10 分 2. 检修方法错误扣 5~10 分 3. 故障排除后，未能在电路图中用"×"标出故障点，扣 10 分 4. 只能排除 1 个故障扣 20 分，3 个故障都未能排除扣 30 分	30		
3	安全文明生产	劳动保护用品穿戴整齐；电工工具佩带齐全；遵守操作规程；尊重老师，讲文明礼貌；考试结束要清理现场	1. 操作中，违反安全文明生产考核要求的任何一项扣 2 分，扣完为止 2. 发现学生有重大事故隐患时，要立即予以制止，并每次扣安全文明生产总分 5 分	10		
	合计					
开始时间：			结束时间：			

图 13-6 所示为几种常见的双速异步电动机控制电路，有兴趣的读者可自行分析其工作原理。

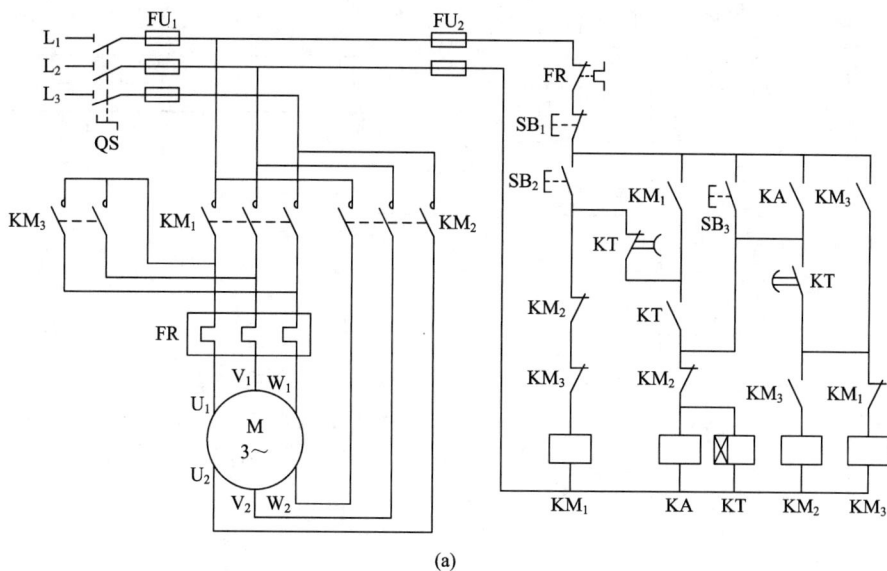

(a)

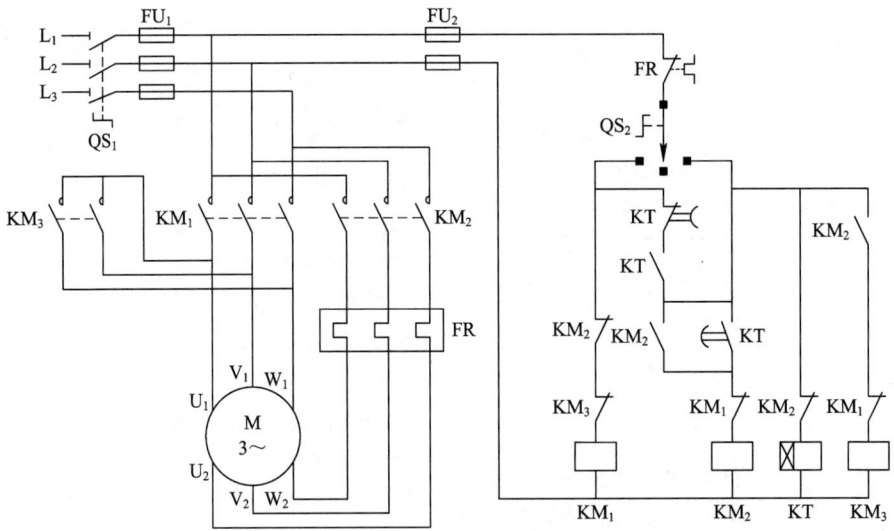

(b)

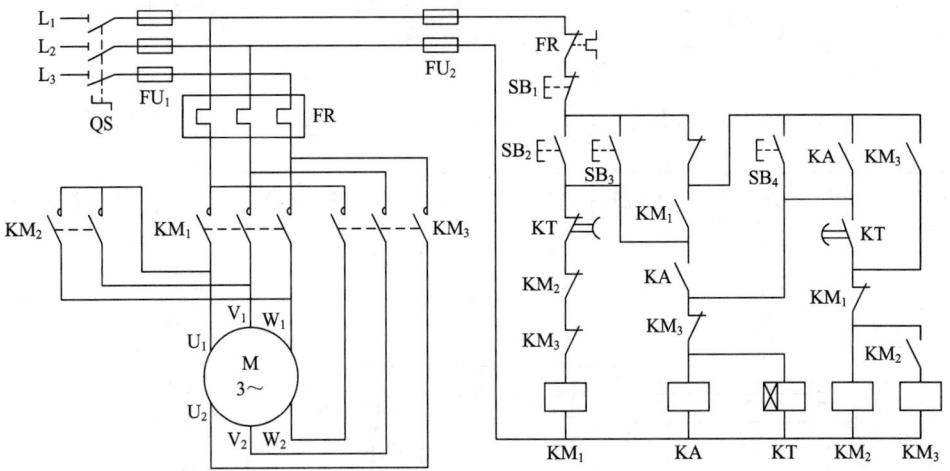

(c)

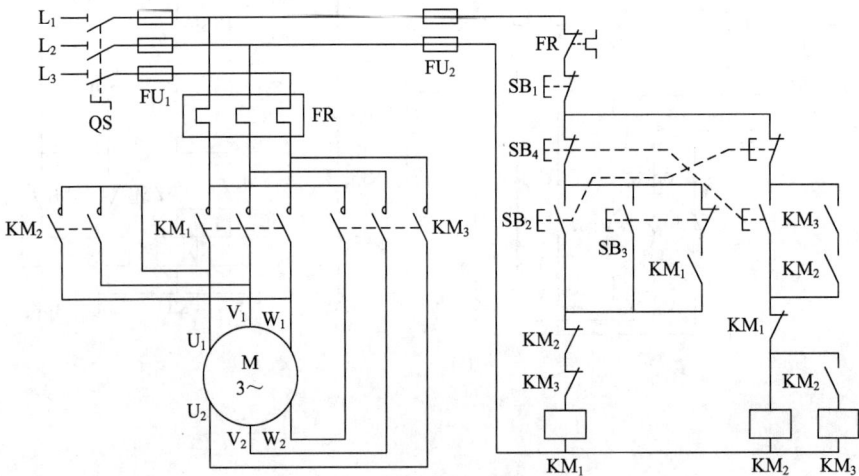

(d)

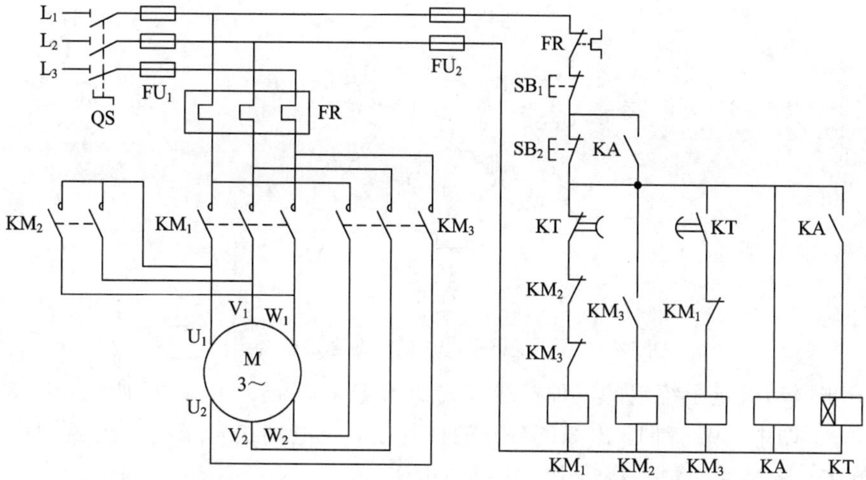

(e)

图 13 - 6　常见的双速异步电动机控制电路图

任务 2　三速异步电动机控制电路的安装与检修

知识目标：

1. 正确理解三速异步电动机控制电路的工作原理。

2. 能正确识读三速异步电动机控制电路的原理图、接线图和布置图。

能力目标：

1. 会按照工艺要求正确安装三速异步电动机控制电路。

2. 能根据故障现象，检修三速异步电动机控制电路。

素质目标：

养成独立思考和动手操作的习惯，培养小组协调能力和互相学习的精神。

工作任务

本任务的主要内容是完成对时间继电器控制三速异步电动机控制电路的安装与检修。

相关知识

一、三速异步电动机定子绕组的连接

三速异步电动机有两套定子绕组，分两层安放在定子槽内，如图 13 - 7 所示。第一套绕组（双速）有七个出线端 U_1、V_1、W_1、U_3、U_2、V_2、W_2，可作△或 YY 连接；第二套绕组（单速）有三个出线端 U_4、V_4、W_4，只作 Y 形连接。分别改变两套定子绕组的连接方式（即改变磁极对数）时，电动机就可以得到三种不同的转速。

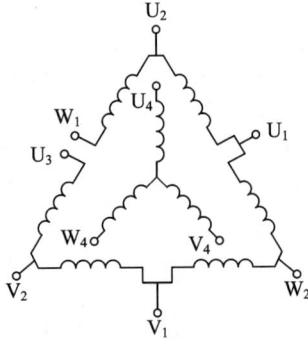

图 13 - 7　三速异步电动机的两套定子绕组

三速异步电动机定子绕组的三种接线方式如图 13 - 8(a)、(b)、(c)所示，具体接线方法见表 13 - 3。图中，W_1 和 U_3 出线端分开的目的是，当电动机定子绕组接成 Y 形中速运转时，避免在△形接法的定子绕组中产生感应电流。

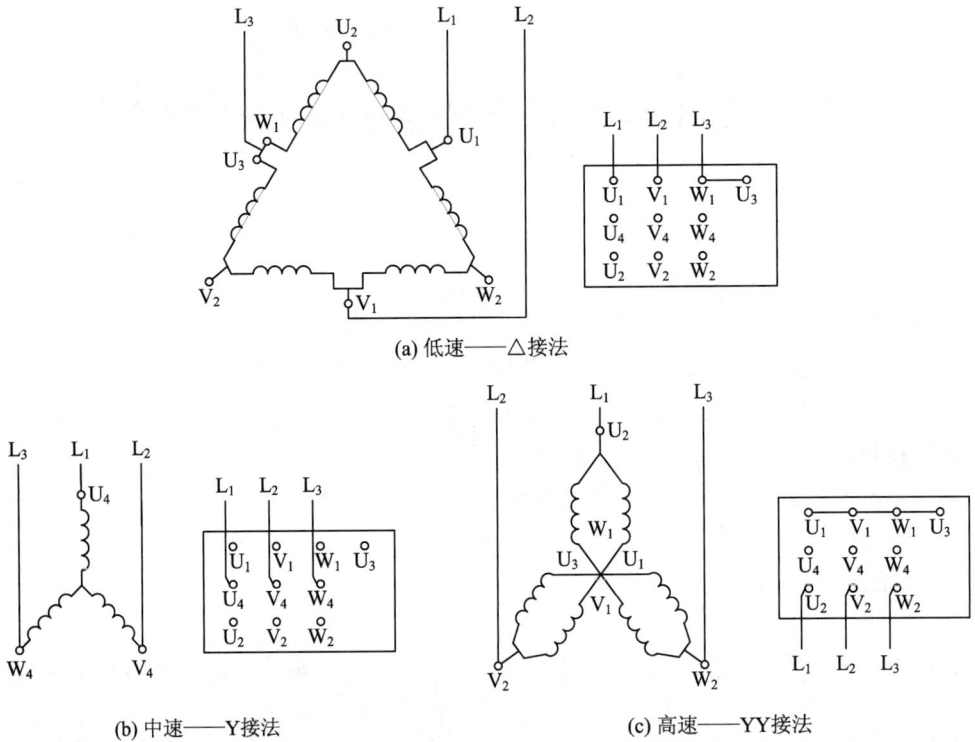

(a) 低速——△接法

(b) 中速——Y接法

(c) 高速——YY接法

图 13 - 8　三速异步电动机定子绕组接线图

表 13 - 3　三速异步电动机定子绕组接法

转速	电源接线			并　头	连接方式
	L_1	L_2	L_3		
低速	U_1	V_1	W_1	U_3　　W_1	△
中速	U_4	V_4	W_4	—	Y
高速	U_2	V_2	W_2	U_1　V_1　W_1　U_3	YY

二、三速异步电动机控制电路

1. 接触器控制三速异步电动机控制电路

按钮和接触器控制三速异步电动机控制电路如图 13 - 9 所示。其中，SB_1、KM_1 控制电动机△形接法下低速运转；SB_2、KM_2 控制电动机 Y 形接法下中速运转；SB_3、KM_3 控制电动机 YY 形接法下高速运转。

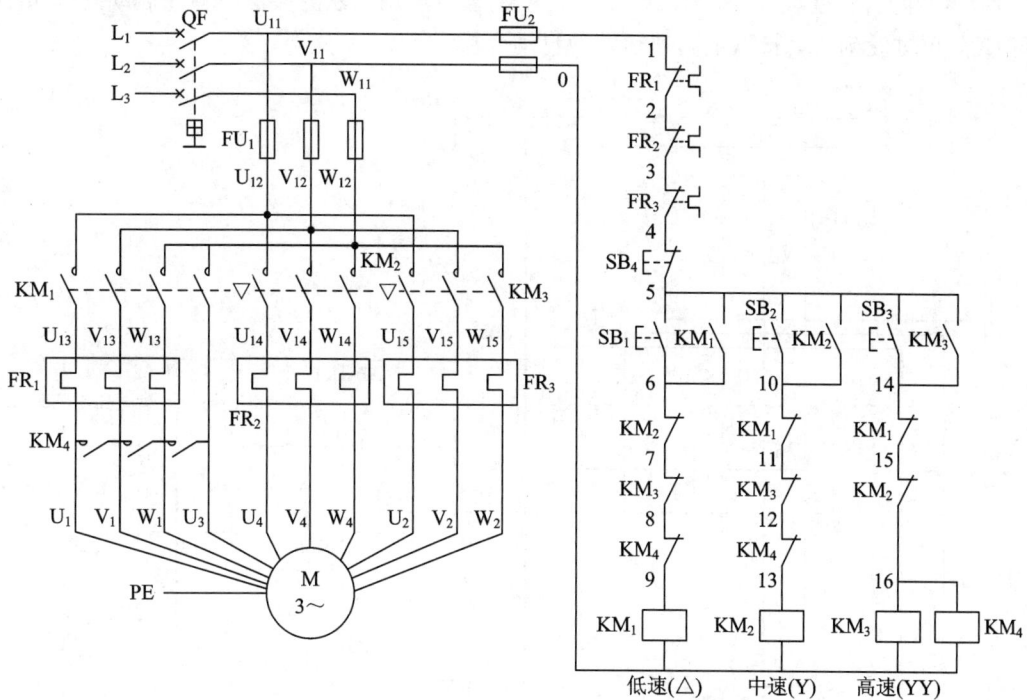

图 13 - 9　按钮接触器控制三速异步电动机控制电路图

电路的工作原理如下：

（1）△形低速启动运转。

合上电源开关 QF。

按下 SB_1→KM_1 线圈得电→KM_1 触头动作→电动机 M 第一套定子绕组出线端 U_1、V_1、W_1（U_3 通过 KM_1 常开触头与 W_1 并接）与三相电源接通→电动机 M 接成△形低速启动运转。

（2）低速转中速运转控制。

先按下停止按钮 SB_4→KM_1 线圈失电→KM_1 触头复位→电动机 M 失电→再按下 SB_2→KM_2 线圈得电→KM_2 触头动作→电动机 M 第二套定子绕组出线端 U_4、V_4、W_4 与三相电源接通→电动机 M 接成 Y 形中速运转。

（3）中速转高速运转控制。

先按下停止按钮 SB_4→KM_2 线圈失电→KM_2 触头复位→电动机 M 失电→再按下 SB_3→KM_3 线圈得电→KM_3 触头动作→电动机 M 第一套定子绕组出线端 U_2、V_2、W_2 与三相电源接通（U_1、V_1、W_1、U_3 则通过 KM_3 的三对常开触头并接），电动机 M 接成 YY 形高速运转。

该电路的缺点是在进行速度转换时，必须先按下停止按钮 SB_4 后，才能再按相应的启动按钮变速，操作不方便。

2. 时间继电器控制三速异步电动机控制电路

时间继电器控制三速异步电动机控制电路如图 13 - 10 所示。其中，SB_1、KM_1 控制电动机△接法下低速启动运转；SB_2、KT_1、KM_2 控制电动机从△接法下低速启动到 Y 接法下中速运转的自动变换；SB_3、KT_1、KT_2、KM_3 控制电动机从△接法下低速启动到 Y 接法下中速，再过渡到 YY 接法下高速运转的自动变换。

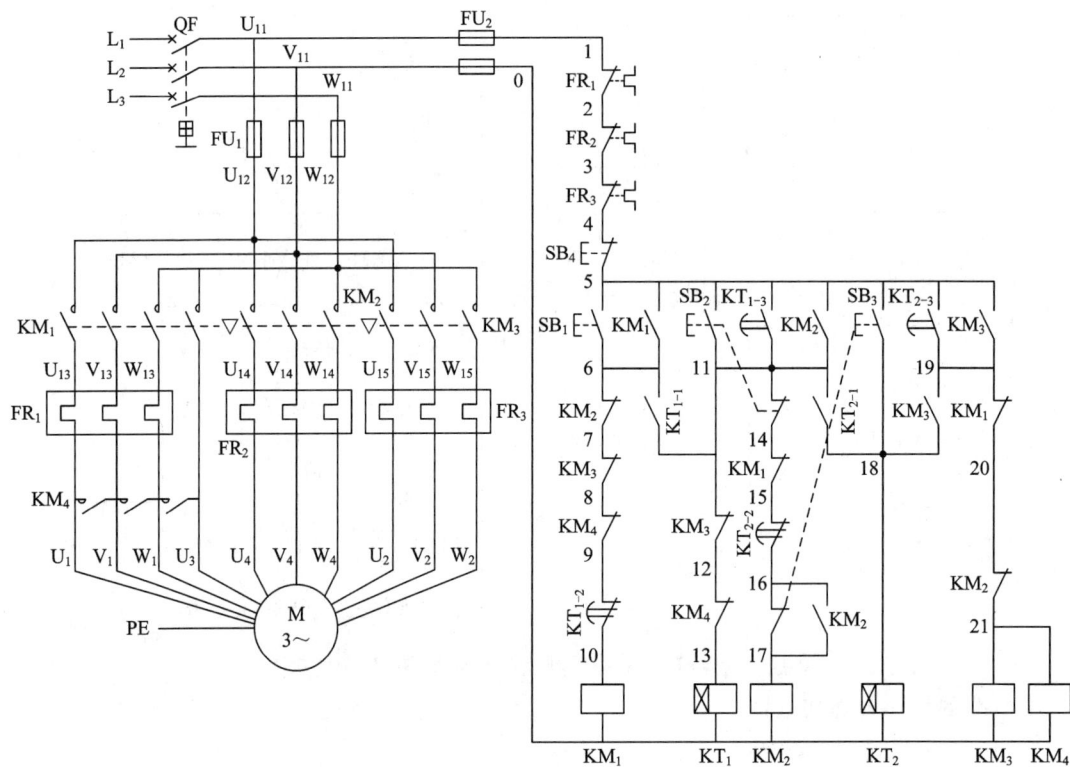

图 13 - 10　时间继电器控制三速异步电动机控制电路图

电路的工作原理如下：

（1）△形低速启动运转。

合上电源开关 QF。

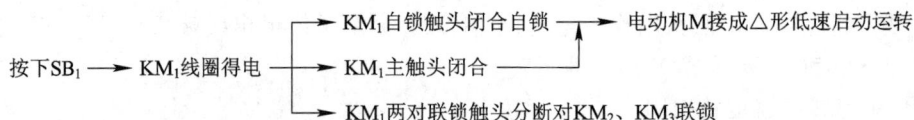

（2）△形低速启动 Y 形中速运转。

按下SB₂ —→ SB₂常闭触头先分断

　　　　 —→ SB₂常开触头后闭合 —→ KT₁线圈得电 —→ KT₁₋₂、KT₁₋₃未动作

　　　　　　　　　　　　　　　　　　　　　　 —→ KT₁₋₁瞬时闭合 —→

—→ KM₁线圈得电 —→ KM₁触头动作 —→ 电动机M接成△形低速启动 —→

经KT₁整定时间 ┬→ KT₁₋₂先分断 —→ KM₁线圈失电 —→ KM₁触头复位

　　　　　　 └→ KT₁₋₃后闭合 —→ KM₂线圈得电 ┬→ KM₂两对常开触头闭合 ┬→ 电动机M接成Y形中速运转

　　　　　　　　　　　　　　　　　　　　　　 ├→ KM₂主触头闭合 ┘

　　　　　　　　　　　　　　　　　　　　　　 └→ KM₂两对联锁触头分断对KM₁、KM₃联锁

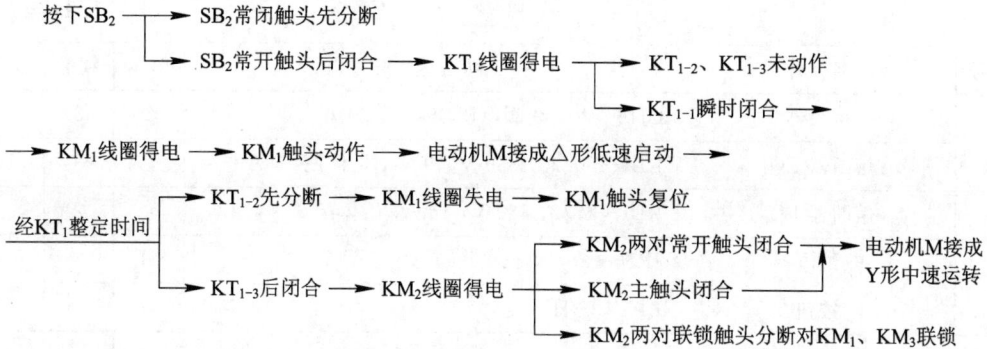

（3）△形低速启动 Y 形中速运转过渡到 YY 形高速运转。

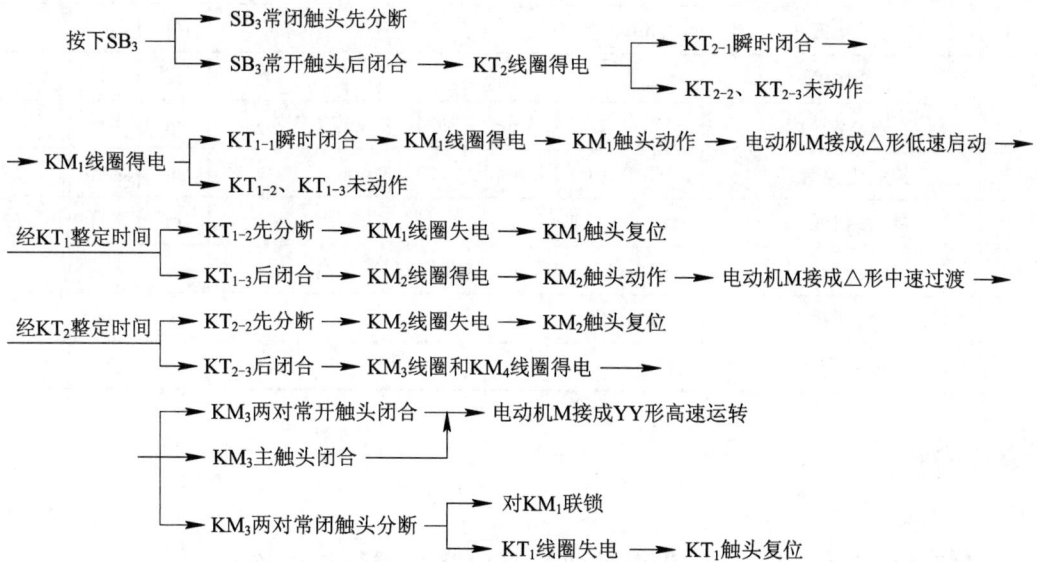

按下SB₃ —→ SB₃常闭触头先分断

　　　　 —→ SB₃常开触头后闭合 —→ KT₂线圈得电 ┬→ KT₂₋₁瞬时闭合 —→

　　　　　　　　　　　　　　　　　　　　　　 └→ KT₂₋₂、KT₂₋₃未动作

—→ KM₁线圈得电 ┬→ KT₁₋₁瞬时闭合 —→ KM₁线圈得电 —→ KM₁触头动作 —→ 电动机M接成△形低速启动 —→

　　　　　　　 └→ KT₁₋₂、KT₁₋₃未动作

经KT₁整定时间 ┬→ KT₁₋₂先分断 —→ KM₁线圈失电 —→ KM₁触头复位

　　　　　　 └→ KT₁₋₃后闭合 —→ KM₂线圈得电 —→ KM₂触头动作 —→ 电动机M接成△形中速过渡 —→

经KT₂整定时间 ┬→ KT₂₋₂先分断 —→ KM₂线圈失电 —→ KM₂触头复位

　　　　　　 └→ KT₂₋₃后闭合 —→ KM₃线圈和KM₄线圈得电 —→

┬→ KM₃两对常开触头闭合 —→ 电动机M接成YY形高速运转

├→ KM₃主触头闭合 ┘

└→ KM₃两对常闭触头分断 ┬→ 对KM₁联锁

　　　　　　　　　　　 └→ KT₁线圈失电 —→ KT₁触头复位

（4）停止控制。

按下 SB₄ 即可完成停止控制。

🖊 任务准备

实施本任务所使用的教学实训设备及工具材料可参考表 13-4。

表 13-4　实训设备及工具材料

序号	名　称	型 号 规 格	单位	数量	备注
1	电工常用工具		套	1	
2	万用表	MF47 型	块	1	
3	三相四线电源	AC3×380/220 V，20 A	处	1	
4	三速电动机	YD160M—8/6/4；或自定	台	1	
5	配线板	500 mm×600 mm×20 mm	块	1	
6	组合开关	HZ10—25/3	只	1	

序号	名　称	型　号　规　格	单位	数量	备注
7	接触器	CJ10—20，线圈电压 380 V，20 A	个	3	
8	熔断器 FU₁	RL1—60/25，380 V，60 A，熔体配 25 A	套	3	
9	熔断器 FU₂	RL1—15/2，380 V，15 A，熔体配 2 A	套	2	
10	热继电器	JR16—20/3，三极，20 A	只	2	
11	按钮	LA10—3H	只	1	
12	时间继电器	JS7—4A	只	1	
13	木螺钉	$\phi 3 \times 20$ mm；$\phi 3 \times 15$ mm	个	30	
14	平垫圈	$\phi 4$ mm	个	30	
15	圆珠笔	自定	支	1	
16	主电路导线	BVR—1.5，1.5 mm²（7×0.52 mm）（黑色）	m	若干	
17	控制电路导线	BVR—1.0，1.0 mm²（7×0.43 mm）	m	若干	
18	按钮线	BVR—0.75，0.75 mm²	m	若干	
19	接地线	BVR—1.5，1.5 mm²（黄绿双色）	m	若干	
20	行线槽	18 mm×25 mm	m	若干	
21	编码套管	自定	m	若干	

任务实施

一、时间继电器控制三速异步电动机控制电路的安装与检修

1. 绘制元件布置图和接线图

根据图 13 - 10 所示时间继电器控制三速异步电动机控制电路原理图，请读者自行绘制其元件布置图和安装接线图，在此不再赘述。

2. 元器件规格、质量检查

（1）检查各元器件、耗材与表 13 - 4 中的型号规格是否一致。

（2）检查各元器件的外观是否完整无损，附件、备件是否齐全。

（3）用仪表检查各元器件和电动机的有关技术数据是否符合要求。

3. 根据元件布置图安装和固定低压电器元件

元器件检查完毕后，按照自己绘制的元件布置图安装和固定电器元件。

4. 根据电气原理图和安装接线图进行行线槽配线

元件安装完毕后，按照图 13 - 10 所示的原理图和自己绘制的安装接线图进行板前行线槽配线。

5. 电动机的连接

按照电动机铭牌上的接线方法,正确连接接线端子。接线时,要看清电动机出线端的标记,掌握其接线要点:△形低速时,U_1、V_1、W_1 经 KM_1 接电源,W_1、U_3 并接;Y 形中速时,U_4、V_4、W_4 经 KM_2 接电源,W_1、U_3 必须断开,空着不接;YY 形高速时,U_2、V_2、W_2 经 KM_3 接电源,U_1、V_1、W_1、U_3 并接,最后连接电动机的保护接地线。

6. 自检

电路安装完毕后,在通电试车前必须经过自检。经指导教师确认无误后,方可通电试车。自检的方法及步骤请读者根据前面任务所学,自行分析,在此不再赘述。

7. 通电试车

学生自检完成后,在教师的监护下进行通电试车。

二、时间继电器控制三速电动机控制电路常见故障的分析及检修

1. 主电路的故障检修

主电路的故障现象和检修方法与前面任务中主电路的故障现象和检修方法相似,在此不再赘述,读者可自行分析。

2. 控制电路的故障检修

运用前面任务所学的方法自行分析并维修时间继电器控制三速电动机控制电路的故障。在此仅就部分故障进行分析,见表 13-5。

表 13-5　时间继电器控制三速电动机控制电路的故障分析及处理方法

故障现象	原因分析	处理方法
电动机低速、中速、高速都不能启动	1. 按下 SB_1 或 SB_2 或 SB_3 后,KM_1、KM_2、KM_3、KM_4 均不动作,可能的故障点在电源电路及 FU_2、FR_1、FR_2、FR_3、SB_4 和 1、2、3、4、5 号导线 2. 按下 SB_1 或 SB_2 或 SB_3 后,KM_1、KM_2、KM_3、KM_4 均动作,可能的故障点在 FU_1	1. 用测电笔检查电源电路中 QF 的上下接线桩是否有电,若没有电,则故障在电源 2. 用测电笔检查 FU_2 和 FR_1、FR_2、FR_3、SB_4 常闭触头的上下接线端是否有电,故障点在有电与无电之间 3. 用测电笔检查 FU_1 的上下接线端是否有电
电动机低速、中速启动正常,但高速不启动	电动机低速、中速启动正常,但按下 SB_3 后电动机不启动,故障点可能是:SB_3 常开触头,KM_1、KM_2 常闭触头接触不良;KM_3、KM_4 线圈损坏断路;5、14、15、16、0 导线出现断路	首先用测电笔检测 SB_3 上接线桩是否有电,若无电,则为 5 号导线断路;若有电,则断开电源,按下 SB_3,用万用表的电阻挡,一个表笔固定在 SB_3 的下接线端,另一个表笔测量 14、15、16、0 各点,电阻较大的点就是故障点

✒️ 检查评议

对任务的实施情况进行检查，并将结果填入表 13 - 6。

表 13 - 6　任务测评表

序号	主要内容	考核要求	评分标准	配分	扣分	得分
1	电路安装检修	根据任务，按照时间继电器控制三速电动机控制电路的安装步骤和工艺要求，进行电路的安装与检修	1. 按图接线，不按图接线扣10分 2. 元件安装正确、整齐、牢固，否则一个扣2分 3. 行线槽整齐美观，横平竖直、高低平齐，转角90°，否则每处扣2分 4. 线头长短合适，线耳方向正确，无松动，否则每处扣1分 5. 配线齐全，否则一根扣5分 6. 编码套管安装正确，否则每处扣1分 7. 通电试车功能齐全，否则扣40分	60		
2	电路故障检修	人为设置隐蔽故障3个，根据故障现象，正确分析故障原因及故障范围，采用正确的检修方法，排除全部电路故障	1. 不能根据故障现象划出故障最小范围扣10分 2. 检修方法错误扣5~10分 3. 故障排除后，未能在电路图中用"×"标出故障点，扣10分 4. 只能排除1个故障扣20分，3个故障都未能排除扣30分	30		
3	安全文明生产	劳动保护用品穿戴整齐；电工工具佩带齐全；遵守操作规程；尊重老师，讲文明礼貌；考试结束要清理现场	1. 操作中，违反安全文明生产考核要求的任何一项扣2分，扣完为止 2. 发现学生有重大事故隐患时，要立即予以制止，并每次扣安全文明生产总分5分	10		
合计						
开始时间：			结束时间：			

项目思考题

1. 三相异步电动机的调速方法有哪三种？笼型异步电动机的变极调速是如何实现的？

2. 双速电动机定子绕组共有几个出线端？分别画出双速电动机在低、高速时定子绕组的接线图。

3. 三速异步电动机有几套绕组？定子绕组共有几个出线端？分别画出三速异步电动机在低、中、高速时定子绕组的接线图。

参 考 文 献

[1] 张晓娟. 工厂电气控制设备.2 版. 北京:电子工业出版社,2012.

[2] 王秀丽. 电机及拖动基础. 北京:化学工业出版社,2010.

[3] 齐占庆. 机床电气控制技术.5 版. 北京:机械工业出版社,2013.

[4] 方爱平. 机床电气控制与排故. 北京:机械工业出版社,2017.

[5] 连赛英. 机床电气控制技术. 北京:机械工业出版社,2014.

[6] 赵明. 工厂电气控制设备. 北京:机械工业出版社,2005.

[7] 胡幸鸣. 电机与拖动基础.2 版. 北京:机械工业出版社,2010.

[8] 顾绳谷. 电机及拖动基础上册.4 版. 北京:机械工业出版社,2010.

[9] 邓星钟. 机电传动与控制.3 版. 武汉:华中科技大学出版社,2001.

[10] 程宪平. 机电传动与控制.2 版. 武汉:华中科技大学出版社,2003.

[11] 陈伯时. 电力拖动与自动控制系统 .3 版. 北京:机械工业出版社,2003.

[12] 杨玉娟. 机床电气控制. 北京:机械工业出版社,1988.

[13] 方承远. 工厂电气控制技术. 北京:机械工业出版社,1992.

[14] 李恩林. 龙门刨床自动控制. 北京:科学出版社,1980.

[15] 陈远龄. 机床电气自动控制. 重庆:重庆大学出版社,2000.

[16] 焦振学. 机床电气控制技术. 北京:北京理工大学出版社,1992.

[17] 项毅. 机床电气控制. 南京:东南大学出版社,2003.

[18] 姚樵耕,俞文根. 电气自动控制. 北京:机械工业出版社,2005.

[19] 廖兆荣. 电气自动控制. 北京:化学工业出版社,2003.

[20] 许大中,贺益康. 电机控制. 杭州:浙江大学出版社,2002.

[21] 倪忠远. 直流调速系统. 北京:机械工业出版社,1996.